電卓
使いこなしBOOK

よせだあつこ
著

中央経済社

まえがき

　日頃，何気なく使っている電卓。ある時ふと，こんな風に感じたことはありませんか。
「もっと楽な操作の仕方はないのかな…。」
「このボタンって使ったことないけど，何のためにあるんだろう？」

　電卓には，さまざまな機能が付いています。電卓の機能を使いこなすことができれば，試験でミスしにくくなり，**さらに問題を速く解くことができる**ようになります。また，仕事で電卓を使う方は，電卓を使いこなせば**業務の効率がアップ**します。

　本書では，電卓の基本的な機能はもちろん，試験や仕事ですぐに役立つ電卓の使い方をまとめました。日商簿記検定，公認会計士試験，税理士試験の受験生をはじめとして，電卓検定，FP試験など**会計系の試験を受験される方**のスキルアップに役立ちます。さらに，経理の仕事をされている方や税理士事務所で働く方，ショップの店員をされている方など，**仕事で電卓を利用する**ときに幅広く使っていただける内容になっています。

　ぜひ，犬のパブロフくんと一緒に，楽しく電卓マスターを目指しましょう！

よせだ　あつこ

　なお，本書ではシャープ製SHARP EL-G37およびカシオ製CASIO ND-26S（AZ-26S）の2機種を扱います。その他の電卓でも，基本的な機能やキー配置は同じです。

目次

まえがき　i
電卓のお悩み相談室　vi

第1章　電卓を選ぼう ─────────── 1
- 1-1　失敗しない試験用電卓の選び方　2
- 1-2　仕事で役立つ電卓　8

第2章　電卓を打とう ─────────── 11
- 2-1　電卓のボタンと設定方法　12
- 2-2　指使い　16
- 2-3　足し算・引き算・掛け算・割り算　20
- 2-4　ブラインドタッチ　24
- 🖩　練習問題　26

第3章　電卓の機能を使おう ─────── 29
- 3-1　桁下げキー　30
- 3-2　C（クリアキー）などの使い方　32
- 3-3　メモリーキー　36
- 🖩　練習問題　39
- 3-4　ラウンドスイッチと小数点指定スイッチ　44
- 3-5　定数計算×と複利計算　48
- 🖩　練習問題　51
- 3-6　定数計算÷と割引現在価値　54
- 🖩　練習問題　58
- 3-7　定数計算＋　60
- 3-8　定数計算－　62
- 🖩　練習問題　64
- 3-9　GT（グランドトータル）　66
- 🖩　練習問題　68

3-10	日数計算　70
🖩	練習問題　74
3-11	＋／－キー（サインチェンジキー）　76
3-12	％と√　78
3-13	税率設定　80
🖩	練習問題　82

第4章　試験で電卓を活用しよう ─ 83

4-1	計算ミスを減らしてスピードアップ　84
🖩	練習問題　88
4-2	試験当日　92

第5章　仕事で電卓を活用しよう ─ 95

5-1	エクセルだけではミスは発見できない　96
5-2	公認会計士と電卓　100
5-3	税理士と電卓　102
5-4	経理担当と電卓　104
5-5	いろいろな仕事と電卓　106
🖩	練習問題　108

第6章　電卓のミスを減らそう ─ 117

6-1	キーを押し間違える　118
6-2	何回足したのかわからなくなる　120
6-3	桁数（ゼロの数）を間違える　122
6-4	ミスの見つけ方　124
6-5	ケアレスミスの減らし方　126

コラム

- 🐾 電卓の機能として認められるもの　7
- 🐾 電卓で困った話　116
- 🐾 下書き用紙を増やす方法　128

Prologue

電卓の お悩み相談室

> 電卓に関するお悩みを解決します。
> あてはまる人は該当ページを今すぐチェック

電卓の基本が知りたい！

 どんな電卓を買ったらいいの？

▶1-1
失敗しない試験用
電卓の選び方　⇨P.2

▶1-2
仕事で役立つ電卓　⇨P.8

電卓のスイッチは
どう設定すればいいの？

▶2-1
電卓のボタンと設定方法
⇨P.12

 右手で打つの？　左手で打つの？

▶2-2
指使い　　　　　⇨P.16

 どうやったら速く打てるようになるの？

▶2-4
ブラインドタッチ　⇨P.24

▶4-1
計算ミスを減らして
スピードアップ　　⇨P.84

電卓の機能を知りたい！

 C と CE と CA の違いは？

▶3-2
C（クリアキー）などの
使い方　　　　　⇨P.32

 電卓で小数点以下まで表示させるには？

▶3-4
ラウンドスイッチと
小数点指定スイッチ
　　　　　　　　⇨P.44

 カッコや×÷などの混在する計算が
メモいらずでできるって本当？

▶3-3
メモリーキー　　⇨P.36

何回も同じ数字を入力するのが面倒！
もっと楽な方法はない？

▶3-5
定数計算× ⇨P.48
▶3-6
定数計算÷ ⇨P.54
▶3-7
定数計算＋ ⇨P.60
▶3-8
定数計算－ ⇨P.62

 利息の計算で便利な方法は？

▶3-5
定数計算×と複利計算
⇨P.48
▶3-10
日数計算 ⇨P.70

 減損会計などで使う割引現在価値を
電卓で計算するには？

▶3-6
定数計算÷と割引現在価値
⇨P.54
▶3-9
GT（グランドトータル）
⇨P.66

試験で電卓を使う！

 計算ミスをなくすには？

▶ 4-1
計算ミスを減らして
スピードアップ　⇨ P.84

▶ 6-1
キーを押し間違える
　　　　　　　⇨ P.118

▶ 6-3
桁数（ゼロの数）を間違える
　　　　　　　⇨ P.122

▶ 6-4
ミスの見つけ方　⇨ P.124

▶ 6-5
ケアレスミスの減らし方
　　　　　　　⇨ P.126

 試験に役立つ情報は？

▶ 1-1
失敗しない試験用
電卓の選び方　⇨ P.2

▶ 4-2
試験当日　　　⇨ P.92

仕事で電卓を使う！

 仕事に役立つ電卓の使い方は？

▶1-2
仕事で役立つ電卓　⇨P.8

▶5-1
エクセルだけではミスは
発見できない　　　⇨P.96

 どんな仕事がある？

▶5-2
公認会計士と電卓　⇨P.100
▶5-3
税理士と電卓　　　⇨P.102
▶5-4
経理担当と電卓　　⇨P.104
▶5-5
いろいろな仕事と電卓
　　　　　　　　　⇨P.106

第1章

電卓を選ぼう

試験で使うことができるのは，どのような電卓でしょうか。
また，仕事で使うのにオススメの電卓も紹介します。

1-1
失敗しない試験用電卓の選び方

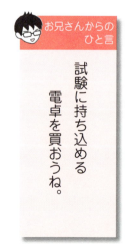

お兄さんからのひと言

試験に持ち込める電卓を買おうね。

■試験に持ち込みが禁止されている電卓

　日商簿記検定，公認会計士試験，税理士試験など会計系の各資格試験では，持ち込みが禁止されている電卓があります。多くの場合，次の電卓は持ち込みが禁止されていますので，買わないように注意しましょう。

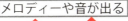
メロディーや音が出る

紙に印刷できる

辞書機能
漢字・英字入力機能

プログラム機能がある
・関数機能
・計算式の記憶機能

数値を表示する部分が極端に横に倒れる

■ 試験で使用できる電卓

　では，どのような電卓が使用できるのでしょうか。各試験で使用できる電卓は，おおむね次のとおりです。試験実施団体のホームページや試験要綱に詳細な記載があるので，各自でしっかり確認しましょう。

試験で使用できる電卓
乾電池や太陽電池が内蔵されていること
数字を表示する部分がおおむね水平であること
大きさが縦20cm×横20cm×高さ5cmを超えないこと
計算機能以外の機能を有しないこと ＜計算機能の例＞ ・四則演算機能　・日数計算　・時間計算 ・換算　　　　　・税計算　　・検算

■ 必要な機能

　試験で使用できる電卓といっても，100円のものから数千円のものまで，たくさんの種類があります。
　そこで，右ページに電卓を選ぶときのポイントを紹介します。必要な機能がすべて備わった電卓を選びましょう。

■電卓を選ぶときのポイント

必要な機能	説明
表示が12桁	電卓に表示できる桁数が12桁のものを選びます。 桁数の多い問題が出題されたとき，表示できる桁数が少ないと，計算できない場合があります。
早打ち対応	素早い指の動きにキーが反応する機能です。 ある程度学習が進むと，早打ち対応でない電卓は，指の動きについて来ることができなくなります。 そうすると，計算ミスが増えたり，計算が遅くなったりしてしまいます。
サイレントキー	電卓を打つときに生じる音が静かなキーのことです。 図書館や静かな自習室で勉強する際に，電卓の音がうるさいと周りの人に迷惑がかかります。 また，周囲の目が気になって集中できなくなってしまいます。
日数計算機能	電卓で日数を計算する機能です。 たとえば「1月15日に借り入れをし，7月20日に元金と共に利息を返済した」という問題の場合，利息を計算するために1月15日から7月20日まで何日間あるかを数える必要があります。 これを手作業で計算するのは大変です。日数計算機能を使って「1月15日〜7月20日」と入力すれば，すぐ「187日」と表示されます。
乾電池＋太陽電池	乾電池と太陽電池の両方を備えている電卓を選びます。 乾電池だけだと電池切れのとき動かなくなってしまいますし，太陽電池だけだと薄暗いときに動かなくなってしまいます。

第1章 電卓を選ぼう

■ オススメの電卓

　これまで紹介した「試験で使用できる電卓」と「必要な機能」に合う，オススメの電卓が次の2機種です。日商簿記検定・公認会計士・税理士**受験生のために開発された専用モデル**の電卓です。

シャープ SHARP EL-G37　　カシオ CASIO ND-26S（AZ-26S）

　なお，学校用電卓のため，Amazonや家電量販店などでは販売しておりません。資格の専門学校（TAC，大原，ネットスクール）のWEBストアから購入できます。

　WEBストア見たよ。結構高いんだね。

　この電卓は必要な機能がすべて備わっているし，壊れにくいから10年以上使えるんだよ。

　えっ，そんなに長く使えるの！？

　慣れると手がボタンの配置を覚えるから，はじめに良い電卓を買って，早めに慣れることが大切だよ。

電卓の機能として認められるもの

　日商簿記検定，公認会計士試験，税理士試験の受験要綱に，持ち込み可能な電卓について説明があります。これらをまとめると次の電卓の機能は許可されています。

- GT，C，AC，MC，MR，M＋，M－，RV，√，％

- 税計算機能（税込，税抜計算ができる機能）

- 日数計算機能（期間計算や期日計算ができる機能）

- 時間計算機能（時・分・秒の加減乗除ができる機能）

- 換算機能（通貨，単位など任意の換算レートを設定して換算できる機能）

- カウンター付演算状態表示機能（入力件数の多い計算でも入力した数値の個数や演算状態の表示により計算過程の確認が一目でできる機能）

- アンサーチェック（検算）機能（1回前の計算結果と答えを自動的に照合できる機能）

- キーロールオーバー（早打ち）機能（先に押したキーを離す前に次のキーを押しても入力を受け付ける機能）

- 計算続行機能（計算の中断で消えた画面を再表示する機能）

- オートレビュー機能（自動的に計算過程の確認と訂正ができる機能）

1-2 仕事で役立つ電卓

お兄さんからのひと言

仕事で役立つ電卓を紹介するね。

■ 仕事はパソコン中心

　経理，公認会計士，税理士の仕事ではパソコンを中心に作業を行います。会計ソフトに仕訳を入力するだけでなく，エクセルやワードを使うことも多いです。
　特に金額を入力することが多く，数字を正確かつ効率的に入力するスキルが必要となります。

■ テンキー

　パソコンへ数字を正確かつ効率的に入力するためのツールとしてテンキーがあります。テンキーとはキーボードの右側にある，数字を集めた領域のことをいいます。
　デスクトップのパソコンで使うキーボードには，標準的にテンキーが付いています。

■ テンキー電卓(パソコンと接続できる電卓)

　通常，ノートパソコンのキーボードにはテンキーが付いていません。そこで，**テンキー電卓（パソコンと接続できる電卓）**が非常に便利です。テンキー電卓を使えば，パソコンへ数字を正確かつ効率的に入力することができます。

　テンキー電卓は，パソコンと接続しなくても電卓として独立して利用できますので，簡単な計算であればテンキー電卓で行うことができます。

第2章

電卓を打とう

電卓を入手したら，さっそく電卓を打ってみましょう。
打ち方や基本的な機能について説明します。

2-1

電卓のボタンと設定方法

お兄さんからのひと言

まずはボタンの名前を説明するよ。

■ボタンの名前＜シャープ製＞

　シャープ製（EL-G37）電卓のボタンの名前と本書の関連項目をまとめました。具体的な使い方はこれから学んでいきますので，サラッと見てみてください。

　なお，本書ではシャープ製SHARP EL-G37およびカシオ製 CASIO ND-26S（AZ-26S）の2機種を扱いますが，その他の電卓でも基本的な機能やキー配置は同じです。

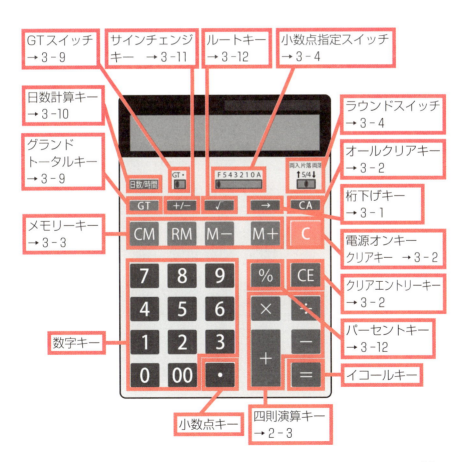

■ボタンの名前＜カシオ製＞

　カシオ製（ND-26S）電卓のボタンの名前と本書の関連項目をまとめました。具体的な使い方はこれから学んでいきますので，サラッと見てみてください。

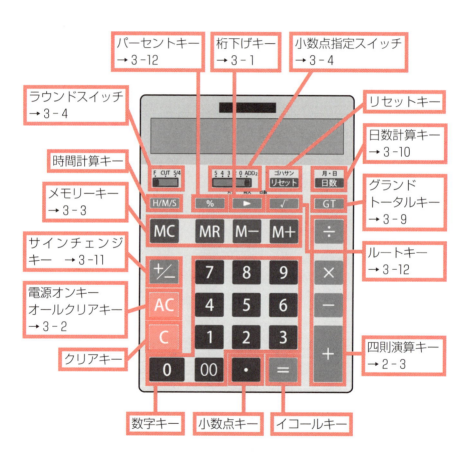

■スイッチの設定方法

電卓には，小数点指定スイッチやラウンドスイッチなど，いろいろなスイッチがあります。スイッチの詳しい設定方法は3-4で説明しますが，まずは次のように合わせておいてください。

❶ 小数点以下の「端数処理なし」
❷ 日数計算で「両入」になるように設定
❸ グランドトータルを「オン」に設定

<シャープ製>

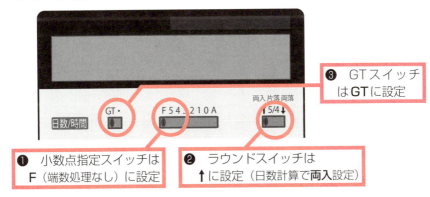

<カシオ製>

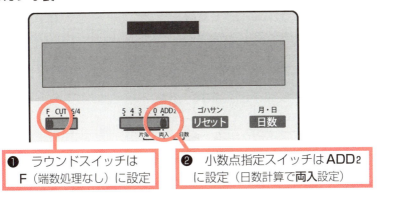

2-2 指使い

> **お兄さんからのひと言**
> 指使いをマスターすると早く打てるようになるよ。

■右手？　左手？

　電卓を打つのは右手と左手どちらがよいでしょうか。試験合格者の中には，右手で打つ人も左手で打つ人もいて，どちらにも利点があります。

　まず，**右手で打つ利点**です。パソコンのテンキーは右側にありますので，試験勉強において右手で打つ訓練をしていれば，合格後，仕事でパソコンを使うときに便利です。

　次に，**左手で打つ利点**です。右利きの場合，左手で電卓を打てば，右手にずっとシャーペンを持ち続けることができます。試験は時間との勝負。シャーペンを握り替える時間を省くことができます。

　どちらを選択しても，**最終的な打つスピードは大差ありません**ので，ご自分の好きな方で打ちましょう。

🐾右手打ちの場合

①電卓を打たないとき

②電卓入力時

> 仕事でパソコンを使うときに便利！

🐾左手打ちの場合

①電卓を打たないとき

②電卓入力時

> 右利きの場合，ペンを持ち替えなくてOK！

■ 指の位置

電卓を指1本で打っていては，いつまで経っても上達はしません。
　指5本を使って入力できるように練習します。正しい指の位置を心がけて電卓を打つようにしましょう。

＜シャープ製＞

🐾 実際に指を置いてみると…

指1本でも計算できるよ〜。
パブロフ

それだと，電卓を打つスピードが速くならないよ。
正しいクセをつけるにはスタートが肝心だね！
お兄さん

第2章 電卓を打とう

＜カシオ製＞

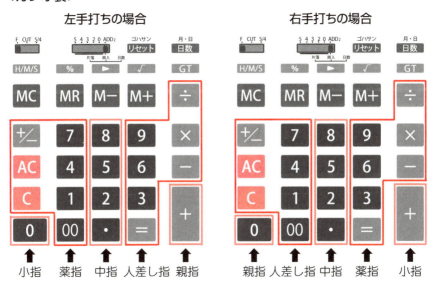

● 実際に指を置いてみると…

2-3
足し算・引き算・掛け算・割り算

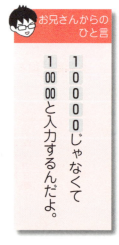

お兄さんからのひと言

10000じゃなくて1 0 0 0 0と入力するんだよ。

■ 電源を入れる

いよいよ，実際に電卓を使ってみましょう。まずは電源を入れます。次のボタンを押して，電源を入れましょう。なお，電卓はボタンを押さずに放置しておくと，7分程で自動的に電源がオフになります。

＜シャープ製＞　C　　　　＜カシオ製＞　AC

■ 基本的な計算

足し算，引き算，掛け算，割り算という基本的な計算を**四則演算**といいます。電卓で四則演算の計算を行う場合，どのように電卓を操作するのかを学びましょう。

■ 足し算＋

いくつかの金額を合計したいときなど，足し算を使って計算する場合，電卓の＋を使います。

手順は，金額を入力し，＋を押して，加算したい金額を入力，最後にイコールキー＝を押します。＝を押すと計算結果が表示されます。

> **問題**　本日，商品Aを520円，商品Bを1,000円，商品Cを260円，商品Dを10,000円で売った。本日の売上高はいくらか計算しなさい。

入力　520＋1000＋260＋10000＝
解答　11,780円

🟥 引き算 −

　金額の差額を求めたいときなど，引き算を使って計算する場合，電卓の − を使います。
　手順は，金額を入力し，− を押して，引きたい金額を入力，最後にイコールキー ＝ を押します。

> **問題**　本日の売上高は11,780円，売上原価は7,060円であった。本日の売上総利益はいくらか計算しなさい。

入力　１１７８０−７０６０＝
解答　4,720円

🟥 掛け算 ×

　単価が等しいものを複数購入したときなど，掛け算を使って計算する場合，電卓の × を使います。
　手順は，金額を入力し，× を押して，掛けたい数字を入力，最後にイコールキー ＝ を押します。

> **問題**　本日，商品Ａを１個260円で150個売った。本日の売上高はいくらか計算しなさい。

入力　２６０×１５０＝
解答　39,000円

🟥 割り算 ÷

　金額の単価を求めたいときなど，割り算を使って計算する場合，電卓の÷を使います。

　手順は，金額を入力し，÷を押して，割りたい数字を入力，最後にイコールキー＝を押します。

問題　商品Bを350個140,000円で仕入れた。商品Bの1個当たり仕入れ単価はいくらか計算しなさい。

入力　１４００００÷３５０＝
解答　400円

🟥 計算が終わったらクリア

　計算が終わったら，電卓の数字をクリアして次の計算に進みましょう。次のボタンを押すと**計算式と計算結果をクリアする**ことができます。

　Cや**CA**など，似たようなボタンがありますが，違いについては3-2で説明します。

　　＜シャープ製＞　CA　　　　＜カシオ製＞　リセット

2-4 ブラインドタッチ

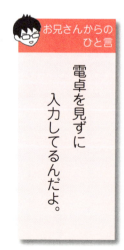

お兄さんからのひと言

電卓を見ずに入力してるんだよ。

■ブラインドタッチとは？

　日商簿記検定，公認会計士，税理士などの試験は**時間との勝負**です。電卓を打つ時間を短縮するため，ブラインドタッチ（電卓を見ずに打つ方法）が必須です。

　　　　×電卓を見ながら打つ　　　〇ブラインドタッチ

■ブラインドタッチの練習

　ブラインドタッチをマスターするには，**電卓を見ずに入力する練習を続けることが大切**です。まずは次のような方法で練習するとよいでしょう。

練習

1 2 3 4 5 6 7 8 9 ＋
1 2 3 4 5 6 7 8 9 ＋
1 2 3 4 5 6 7 8 9 ÷
1 2 3 4 5 6 7 8 9 ＝ 3　　答え

① まずはこれを，すべて電卓を見ながら打ってみます。
② 次に，電卓を見ずに打ちます。目では，書いてある数字だけを追います。不安であれば＋や÷，＝だけはキーを見てもよいでしょう。
③ 答えが3になっているか，電卓のモニターを見て確認します。
④ 慣れてきたら，だんだんスピードを速くしていきます。

練習問題

問題1 次の計算を電卓で行いなさい。

(1) $123 + 456 + 789 = \boxed{}$

(2) $1,590 + 75,300 - 852 - 741 - 963 = \boxed{}$

(3) $(46,900 + 3,000) \times 120 = \boxed{}$

(4) $1,860,000 \div 2,000 \times 360 = \boxed{}$

(5) $(215,000 - 90,000) \div 50 \times 20 = \boxed{}$

(6) $2,400,000 \times 0.9 \div 30 = \boxed{}$

解答1

(1) 1,368

　入力 [1][2][3][+][4][5][6][+][7][8][9][=]

(2) 74,334

　入力 [1][5][9][0][+][7][5][3][0][0][−][8][5][2][−][7][4][1][−][9][6][3][=]

(3) 5,988,000

　入力 [4][6][9][0][0][+][3][0][0][0][×][1][2][0][=]

(4) 334,800

　入力 [1][8][6][0][0][0][0][÷][2][0][0][0][×][3][6][0][=]

(5) 50,000

　入力 [2][1][5][0][0][0][−][9][0][0][0][0][÷][5][0][×][2][0][=]

(6) 72,000

　入力 [2][4][0][0][0][0][0][×][0][・][9][÷][3][0][=]

問題2 7月の給料明細は次のとおりである。手取額を計算しなさい。

計算式
給料支払金額－社会保険料－源泉所得税－源泉住民税＝手取額

＜7月の給料明細＞

給料支払金額	300,000円
社会保険料	△42,000円
源泉所得税	△11,000円
源泉住民税	△6,000円
手取額	円

解答2 241,000円

入力　３００００ー４２０００ー１１０００ー６０００＝

問題3 10月1日から7日までにおける売上高の合計を計算しなさい。

日付		取引内容	売上高
10月	1日	ドッグ缶詰をA社に販売した。	1,000,000円
	2日	ワンワンフードをB社に販売した。	597,000円
	3日	ミックス骨骨をC社に販売した。	369,000円
	4日	ワンワンフードをD社に販売した。	830,000円
	5日	キャット缶詰をE社に販売した。	656,630円
	6日	ニャンコフードをF社に販売した。	211,990円
	7日	ニャンニャン魚をG社に販売した。	335,380円
合　　計			円

解答3 4,000,000円

入力　１０００００＋５９７０００＋３６９０００＋８３０００＋６５６６３０＋２１１９９０＋３３５３８０＝

問題 4 次の普通預金通帳を見て，4月末の普通預金残高を計算しなさい。

日付	取引内容	入金	出金
4月1日	口座を開設し，1万円を入金した。	10,000	
4月5日	3千円を出金した。		3,000
4月20日	給料25万円が振り込まれた。	250,000	
4月25日	家賃8万円が引き落とされた。		80,000
4月26日	10万円を出金した。		100,000
4月30日	講演料3万円が振り込まれた。	30,000	

解答 4 107,000

入力　1 0 0 0 0 － 3 0 0 0 ＋ 2 5 0 0 0 0 － 8 0 0 0 0 － 1 0 0 0 0 0 ＋ 3 0 0 0 0 ＝

上記以外の方法として，入金だけ先に加算し，出金を減算してもよい。

入力　1 0 0 0 0 ＋ 2 5 0 0 0 0 ＋ 3 0 0 0 0 － 3 0 0 0 － 8 0 0 0 0 － 1 0 0 0 0 0 ＝

第 3 章

電卓の機能を使おう

電卓には便利な機能がたくさんあります。
これを学べばあなたも電卓マスターに！

3-1
桁下げキー

お兄さんからのひと言

数字の打ち間違いをすぐ直せる便利なキーだよ。

■桁下げキーとは

数字の入力をミスした場合，桁下げキーを使って修正します。

<シャープ製>　　　　　　<カシオ製>

■使い方

桁下げキーの使い方を詳しく説明します。

電卓に 1 2 3 と打つと，「123」と表示されていますね。

ここで桁下げキーを押すと「12」と表示されます。このように，一番右の数字（1桁目）を消したいときに使うのが桁下げキーです。

桁下げキーは複雑で長い計算をする場合に便利な機能です。途中で打ち間違いをしてしまったときに桁下げキーを使うと，最初からやり直すのではなく1桁消して続けて打つことができるからです。

受験生にとって必須の機能ですので，ぜひ早目に使い方をマスターしてください。

問題 電卓で256,819と打ちたかったが，間違えて256,829と打ってしまった。どのように修正すればよいか答えなさい。

入力	表示
2 5 6 8 2 9 → → 1 9 （カシオ製の場合は ▶ ▶ ）	256,819

3-2
C（クリアキー）などの使い方

お兄さんからのひと言

違いを知らない人が多いかもしれないね。

■クリアキーとは

電卓には**数字や数式を消すキー**があります。代表的なものは **C**（クリアキー）ですが，シャープ製電卓とカシオ製電卓で種類や使い方が違います。

■シャープ製

シャープ製電卓には **CE　C　CA** という3種類のキーがあります。
CE　C　CA を押すと，以下❶〜❸のようにそれぞれ色の網かけがついている部分のデータが消えます。

❸オールクリアキー
❷クリアキー
❶クリアエントリーキー

❶ CE　表示されている数字だけ消す。

入力	表示
1 0 + 2 0 CE 3 0 + 4 0 =	80

❷ C　それまでの数式をすべて消す。

入力	表示
1 0 + 2 0 C 3 0 + 4 0 =	70

❸ CA　メモリーの数字まですべて消す。（メモリー機能については3-3参照）

入力	表示
1 0 + 2 0 CA 3 0 + 4 0 =	70

ワンポイント

CE **C** **CA** は，実際には次のように使うと便利です。

> 🐾 まず，数字と数式をリセットするため，電卓を叩く前に **CA** を押す。
> 🐾 計算の途中で打ち間違えた場合は → で対処する。**CE** は使い方が難しいので使わなくてもよい。
> 🐾 1つの計算が終わったら **C** を押して，次の計算を始める。
> 🐾 **M+** や **M−** を使った後は **CA** を使う。

🟥 カシオ製

カシオ製電卓には **C** **AC** **リセット** という3種類のキーがあります。

C **AC** **リセット** を押すと，以下❶〜❸のようにそれぞれ色の網かけがついている部分のデータが消えます。

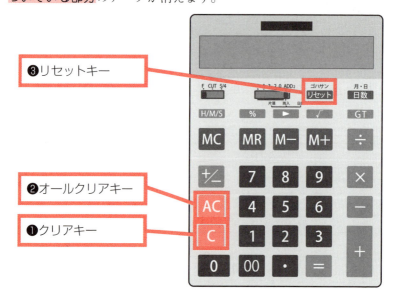

❸リセットキー
❷オールクリアキー
❶クリアキー

3-3 メモリーキー

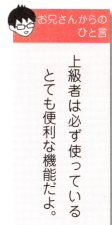

上級者は必ず使っているとても便利な機能だよ。

❶ C　表示されている数字だけ消す。

入力	表示
1 0 ＋ 2 0 C 3 0 ＋ 4 0 ＝	80

❷ AC　それまでの数式をすべて消す。

入力	表示
1 0 ＋ 2 0 AC 3 0 ＋ 4 0 ＝	70

❸ リセット　メモリーの数字まですべて消す。（メモリー機能については 3－3 参照）

入力	表示
1 0 ＋ 2 0 リセット 3 0 ＋ 4 0 ＝	70

ワンポイント

C　AC　リセット は，実際には次のように使うと便利です。

- まず，数字と数式をリセットするため，電卓を叩く前に リセット を押す。
- 計算の途中で打ち間違えた場合は ▶ で対処する。C は使い方が難しいので使わなくてもよい。
- 1つの計算が終わったら AC を押して，次の計算を始める。
- M＋ や M－ を使った後は リセット を使う。

第3章　電卓の機能を使おう

■ メモリーキーとは

電卓の **M+**，**M−** などのボタンをメモリーキーといいます。メモリーキーは計算結果を保存して次の計算に使うことができる，とても便利な機能です。

M+

電卓のメモリーに**加算**するボタンです。

１００ M+ と押すとメモリーに「＋100」と保存されます。メモリーに数字が保存されているとき のように M が表示されます。

M−

電卓のメモリーに**減算**するボタンです。

２００ M− と押すとメモリーに「−200」と保存されます。

RM （カシオ製の場合は MR）

メモリーに保存している数字を**呼び出す**ボタンです。

問題 $(20+80)-(150+50)$ を計算しなさい。

	入力	表示	メモリーに保存 されている数字
手順1	2 0 + 8 0 M+	100	+100
手順2	1 5 0 + 5 0 M−	200	+100 −200
手順3	RM（カシオ製の場合は MR）	−100	+100 −200

解答 −100

CM（カシオ製の場合は **MC**）

メモリーを**クリアするボタン**です。

CM（カシオ製の場合は **MC**）を押すとメモリーの数字が0にクリアされます。

問題 100を**M+**に入れた後，メモリーの数字だけをクリアしなさい。

	入力	表示	メモリーに保存されている数字
手順1	1 0 0 M+	M 100	+100
手順2	CM（カシオ製の場合は MC）	100	0

CA（カシオ製の場合は **リセット**）

表示とメモリーの数字を**両方クリアするボタン**です。

CA（カシオ製の場合は **リセット**）を押すと表示とメモリーの数字，両方が0にクリアされます。

問題 100を**M+**に入れた後，表示とメモリーの数字をクリアしなさい。

	入力	表示	メモリーに保存されている数字
手順1	1 0 0 M+	M 100	+100
手順2	CA（カシオ製の場合は **リセット**）	0	0

練習問題

問題1 電卓で630,000＋131,300を計算しようとしたところ，間違って次のように入力してしまった。正しく修正しなさい。

入力 6 3 0 0 0 0 ＋ 1 3 1 4 0 0

解答1

計算途中で入力ミスをしてしまった場合の修正方法は，以下の(1)がオススメです。(2)や(3)の方法でも修正することができます。

(1) 桁下げキーを使う場合　オススメ

桁下げキーを使うと，1桁目が削除されますので，間違って入力した400の部分だけ修正します。

	入力	表示
問題文	6 3 0 0 0 0 ＋ 1 3 1 4 0 0	131,400
手順1	→ → →（カシオ製の場合は ▶ ▶ ▶）	131
手順2	3 0 0	131,300
手順3	＝	761,300

(2) **CEキーを使う場合（カシオ製の場合はCキー）**

CEキーを使うと，電卓に表示されている数字が削除されますので，131,400を打ち直します。

６ ３ ０ ０ ０ ０ ＋ １ ３ １ ４ ０ ０ ← CEでクリア

	入力	表示
問題文	６ ３ ０ ０ ０ ０ ＋ １ ３ １ ４ ０ ０	131,400
手順1	CE（カシオ製の場合はC）	0
手順2	１ ３ １ ３ ０ ０	131,300
手順3	＝	761,300

(3) **Cキーを使う場合（カシオ製の場合はACキー）**

Cキーを使うと，これまでの数式をすべて削除しますので，最初から計算式を打ち直します。

	入力	表示
問題文	６ ３ ０ ０ ０ ０ ＋ １ ３ １ ４ ０ ０	131,400
手順1	C（カシオ製の場合はAC）	0
手順2	６ ３ ０ ０ ０ ０ ＋ １ ３ １ ３ ０ ０	131,300
手順3	＝	761,300

問題2 次の計算について，メモリーキーを使って計算しなさい。

(1) $(72,100 + 93,400 + 48,500) - (39,900 + 121,000) =$ ☐

(2) $360,000 \times 110 - 340,000 \times 80 =$ ☐

(3) $56,000 - 20,000 \div 5 + 800 =$ ☐

(4) $(1,000,000 - 720,000) \div (220 + 180) =$ ☐

解答2

(1) 53,100

	入力	表示
手順1	7 2 1 0 0 + 9 3 4 0 0 + 4 8 5 0 0 M+	214,000
手順2	3 9 9 0 0 + 1 2 1 0 0 0 M−	160,900
手順3	RM（カシオ製の場合はMR）	53,100

＊次の問題に進む前にCA（カシオ製の場合はリセット）を押すこと。

(2) 12,400,000

	入力	表示
手順1	3 6 0 0 0 0 × 1 1 0 M+	39,600,000
手順2	3 4 0 0 0 0 × 8 0 M−	27,200,000
手順3	RM（カシオ製の場合はMR）	12,400,000

(3) 52,800

	入力	表示
手順1	5 6 0 0 0 M+	56,000
手順2	2 0 0 0 0 ÷ 5 M−	4,000
手順3	8 0 0 M+	800
手順4	RM（カシオ製の場合はMR）	52,800

第3章 電卓の機能を使おう

(4) 700

割り算がある場合，先に計算しておく点がポイントです。

	入力	表示
手順1	２２０＋１８０ M+	400
手順2	１０００００－７２００００ ÷	280,000
手順3	RM（カシオ製の場合はMR）	400
手順4	＝	700

問題3　4人で沖縄へ旅行に行った際に，かかった費用を集計した。1人当たりの旅費の金額を計算しなさい。

飛行機代	20,000円×4人×往復	食事代	70,000円
宿泊代	5,000円×4人×3日間	レンタカー代	30,000円

解答3　80,000円

計算式は $\{(20{,}000 \times 4 \times 2) + (5{,}000 \times 4 \times 3) + 70{,}000 + 30{,}000\} \div 4$

	入力	表示
手順1	２００００×４×２ M+	160,000
手順2	５０００×４×３ M+	60,000
手順3	７００００ M+	70,000
手順4	３００００ M+	30,000
手順5	RM（カシオ製の場合はMR）	320,000
手順6	÷４＝	80,000

問題4 当社は次のとおり株式を売却した。売却した株式の総額を計算しなさい。

銘柄	売却単価	売却数
A社	1株当たり120,000円	300株
B社	1株当たり990,000円	100株
C社	1株当たり 22,000円	6,000株

解答4 267,000,000円

計算式は（120,000×300）+（990,000×100）+（22,000×6,000）

	入力	表示
手順1	1 2 0 0 0 0 × 3 0 0 M+	36,000,000
手順2	9 9 0 0 0 0 × 1 0 0 M+	99,000,000
手順3	2 2 0 0 0 × 6 0 0 0 M+	132,000,000
手順4	RM（カシオ製の場合はMR）	267,000,000

第3章　電卓の機能を使おう

3-4 ラウンドスイッチと小数点指定スイッチ

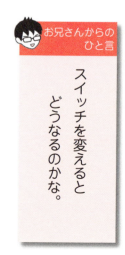

お兄さんからのひと言

スイッチを変えるとどうなるのかな。

■ どんなときに使う？

　計算結果に端数が出ることはよくあります。「1÷6」のように，割り切れない計算がその例です。小数点スイッチとラウンドスイッチを組み合わせることで，電卓に計算結果をどのように表示するかをあらかじめ決めることができます。

■ シャープ製

＜小数点指定スイッチ＞

　ラウンドスイッチの隣にある，数字の並んだスイッチです。この数字は小数点の位置を表しています。指定できる位置は，電卓によって違います。

- **F** 端数処理を行わず，ディスプレイに表示できる桁いっぱいまで表示します。「1÷6＝」の計算結果は「0.16666666666」と表示されます。
- **5〜0** 小数点の表示を第5位からゼロに指定します。
- **A** アドモードといい，・を押さなくても，入力した数値の2桁目に，小数点を自動的に付けてくれるものです。つまり，100分の1になります。

＜ラウンドスイッチ＞

　ラウンドスイッチは，端数処理について四捨五入や切り上げ，切り捨てを指定するスイッチです。

- **↑** 小数点指定スイッチで指定した桁で切り上げます。
- **5/4** 小数点指定スイッチで指定した桁で四捨五入します。
- **↓** 小数点指定スイッチで指定した桁で切り捨てます。

先ほどの「1÷6＝」の計算結果は，小数点指定スイッチとラウンドスイッチ2つの組み合わせで次のように表示されます。

ラウンドスイッチ	小数点指定スイッチ							
	0	1	2	3	4	5	F	A
↑	1	0.2	0.17	0.167	0.1667	0.16667	0.166…	0.17
5/4	0	0.2	0.17	0.167	0.1667	0.16667	0.166…	0.17
↓	0	0.1	0.16	0.166	0.1666	0.16666	0.166…	0.16

🐾 どれに設定しておけばいいの？

小数点指定スイッチは **F** にしておきましょう。この場合，ラウンドスイッチはどこに合わせておいても構いません。

試験では小数点以下の取扱いについてさまざまなパターン（小数点以下3位未満切り捨て，小数点以下4位未満切り上げなど）があるので，**ラウンドスイッチや小数点指定スイッチを設定するのは試験には向いていません。**いったんすべての桁を出力して，自分で切り捨てや切り上げを行う方が間違いが少なくて済みます。

🟥 カシオ製

＜ラウンドスイッチ＞

ラウンドスイッチは，**端数処理について四捨五入や切り上げ，切り捨てを指定する**スイッチです。

F ディスプレイに表示できる桁いっぱいまで表示しますので，小数点指定スイッチは効きません。「1÷6＝」の計算結果は「0.16666666666」と表示されます。
CUT 小数点指定スイッチで指定した桁で切り捨てます。
5/4 小数点指定スイッチで指定した桁で四捨五入します。

＜小数点指定スイッチ＞

ラウンドスイッチの隣にある，数字の並んだスイッチです。この数字は小数点の位置を表しています。指定できる位置は，電卓によって違います。

5～0　小数点の表示を第5位からゼロに指定します。

ADD2　アドモードと言い，・を押さなくても，入力した数値の2桁目に，小数点を自動的に付けてくれるものです。つまり，100分の1になります。

先ほどの「1÷6＝」の計算結果は，小数点指定スイッチとラウンドスイッチ2つの組み合わせで次のように表示されます。

ラウンドスイッチ	小数点指定スイッチ					
	0	2	3	4	5	ADD2
F	0.166…					
CUT	0	0.16	0.166	0.1666	0.16666	0.16
5/4	0	0.17	0.167	0.1667	0.16667	0.17

🐾 どれに設定しておけばいいの？

ラウンドスイッチは **F** にしておきましょう。この場合，小数点指定スイッチはどこに合わせておいても構いません。

試験では小数点以下の取扱いについてさまざまなパターン（小数点以下3位未満切り捨て，小数点以下4位未満切り上げなど）があるので，**ラウンドスイッチや小数点指定スイッチを設定するのは試験には向いていません。** いったんすべての桁を出力して，自分で切り捨てや切り上げを行う方が間違いが少なくて済みます。

3-5 定数計算×と複利計算

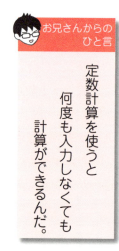

■定数計算とは

電卓ならではの機能に定数計算があります。定数計算を使いこなすことができれば，問題を解く時間をかなり短縮できます。

定数計算とは同じ数字（定数）を使った四則演算を効率的に計算する機能です。

■×を使った定数計算

まずは定数計算を使った掛け算を学びます。問題を使って見ていきましょう。

問題では100を定数として計算しています。最初に1回だけ「１００ ×」を入力することで，その後に入力する３，４，５すべてに100を掛けることができるのです。

問題 ①100×3，②100×4，③100×5の計算をしなさい。

入力
```
１ ０ ０ × × ３ ＝ 300    ①の答え
            ４ ＝ 400    ②の答え
            ５ ＝ 500    ③の答え
```
＊シャープ製の場合，×は1回でも計算できます。

解答 ① 300 ② 400 ③ 500

■ 複利計算とは

　複利計算とは，元金によって生じた利子を，次期の元金に組み入れ，元金だけでなく利子にも次期の利子が付くという計算のことです。
　次の問題で詳しく見ていきましょう。

問題　1,000,000円を年利率5％，複利で3年間貸し出した場合，3年後には元利金がいくら返ってくるか計算しなさい。

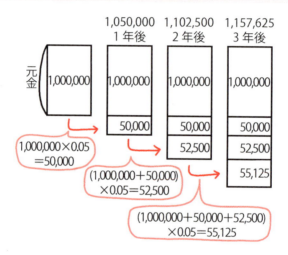

　計算式は $1,000,000 \times (1+0.05)^3 = 1,157,625$

入力

1 ・ 0 5 × × 1 0 0 0 0 0 0 ＝ *1,050,000*　…1年後の元利金

＝ *1,102,500*　…2年後の元利金

＝ *1,157,625*　答え …3年後の元利金

＊シャープ製の場合，×は1回でも計算できます。

解答　1,157,625円

練習問題

問題1 次の端数処理の計算を行いなさい。

(1) 当期首に取得した備品（取得価額200,000円，耐用年数6年，残存価額0）について，定額法で減価償却を行った。当期の減価償却費を計算しなさい。なお，小数点以下を四捨五入すること。

(2) 当期の売上高は128,995,300円，売上原価は89,631,270円であった。売上原価率（％）を計算しなさい。なお，小数点以下第3位を切り上げること。

解答1

(1) 33,333円

スイッチの設定は次のとおりです。

計算式は200,000円÷6年＝33,333.33333… → 33,333

入力　2 0 0 0 0 0 ÷ 6 ＝

(2) 69.49％

スイッチの設定は次のとおりです。

計算式は89,631,270÷128,995,300×100＝69.48413… → 69.49

入力　8 9 6 3 1 2 7 0 ÷ 1 2 8 9 9 5 3 0 0 ％

問題2 今月のアルバイトへの給与の支給額を計算している。次の支給額①～⑤を記入しなさい。なお，支給額は時給×勤務時間で計算している。

氏名	時給	勤務時間	支給額
イノウエさん	@800円	40時間	①　　　円
オカダさん	@800円	60時間	②　　　円
サトウさん	@800円	50時間	③　　　円
ニシダさん	@950円	80時間	④　　　円
ヤマダさん	@950円	120時間	⑤　　　円

解答2 ① 32,000円　② 48,000円　③ 40,000円
　　　　 ④ 76,000円　⑤ 114,000円

	入力	表示
イノウエさん	800 × × 40 =	32,000
オカダさん	60 =	48,000
サトウさん	50 =	40,000
ニシダさん	950 × × 80 =	76,000
ヤマダさん	120 =	114,000

問題3 次の条件に基づいて,4年後までの各年における普通預金残高の金額を答えなさい。

・普通預金の残高　100,000,000円
・普通預金の年利率　1.0%

1年後	円
2年後	円
3年後	円
4年後	円

解答3　1年後　101,000,000円　　2年後　102,010,000円
　　　　　3年後　103,030,100円　　4年後　104,060,401円

	入力	表示
手順1	1 . 0 1 × × 1 0 0 0 0 0 0 0 =	101,000,000
手順2	=	102,010,000
手順3	=	103,030,100
手順4	=	104,060,401

3-6 定数計算÷と割引現在価値

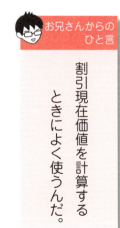

お兄さんからのひと言

割引現在価値を計算するときによく使うんだ。

＊シャープ製の場合

■ ÷を使った定数計算

定数計算を使った割り算を学びます。

具体的に以下の問題で，「÷ 8」を定数として計算してみましょう。シャープ製では最初に1回だけ「÷ 8」を入力することで，200，256すべてに÷ 8と計算できます。また，カシオ製では最初に1回だけ「8 ÷ ÷」を入力することで，その後に入力する200，256すべてに÷ 8と計算できます。

シャープ製とカシオ製で入力が異なるので気をつけてください。

問題 $200 \div 8 = ($ ① $)$
$256 \div 8 = ($ ② $)$ を計算しなさい。

入力
<シャープ製>

2 0 0 ÷ 8 = 25 答え
2 5 6 = 32 答え

<カシオ製>

8 ÷ ÷ 2 0 0 = 25 答え
2 5 6 = 32 答え

（先に入力）

解答 ① 25 ② 32

■割引現在価値の計算

　将来もらえる金額を，年利率（割引率）を使って現在の価値に割り戻すことを割引現在価値といいます。詳しくは次の問題で見ていきましょう。

> **問題**　今から３年後に1,191,016円もらえるとして，年利率６％である場合，割引現在価値はいくらか計算しなさい。

計算式は$1{,}191{,}016 \div (1+0.06)^3 = 1{,}000{,}000$
図で表すと次のようになります。

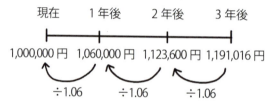

入力

＜シャープ製＞

1 1 9 1 0 1 6 ÷ 1 ・ 0 6 ＝ 1,123,600
　　　　　　　　　　　　　＝ 1,060,000
　　　　　　　　　　　　　＝ 1,000,000　答え

もしくは，メモリーキーを使って次のようにも計算できます。

1 ・ 0 6 × ＝ 1.1236
　　　　　＝ 1.191016
　　　M+

1 1 9 1 0 1 6 ÷ RM ＝ 1,000,000　答え

<カシオ製>

```
1 ・ 0 6 ÷ ÷ 1 1 9 1 0 1 6 =  1,123,600
                          =  1,060,000
                          =  1,000,000  答え
```
(1・06 は先に入力)

もしくは、メモリーキーを使って次のようにも計算できます。

```
1 ・ 0 6 × × =  1.1236
          M+  1,191,016

1 1 9 1 0 1 6 ÷ MR =  1,000,000  答え
```

解答　1,000,000円

　割引現在価値は、「割引率」を使って計算できる！

先ほどの問題で 1・06 × = = （シャープ製）で計算しているのが、年利率 6 ％における 3 年後の割引率です。

現在の1,000,000円を年利率 6 ％で運用した場合、3 年後には1,191,016円になります。いいかえると、3 年後の1,191,016円は、年利率 6 ％では現在の1,000,000円と同じ価値があるということです。

	年利率 6 ％の割引率	割引現在価値が1,000,000円となる金額
現　在		1,000,000円
1 年後	1.06	1,060,000円
2 年後	$(1.06)^2 = 1.1236$	1,123,600円
3 年後	$(1.06)^3 = 1.191016$	1,191,016円

練習問題

問題 10年後に10,000,000円の現金が必要である。年利5％の定期預金に預け入れるとして，現在，いくら預ければ10年後に10,000,000円となるか計算しなさい。

なお，端数はその都度処理は行わず，最終的に円未満を切り上げること。

解答 6,139,133円

計算式は $10,000,000 \div (1 + 0.05)^{10} = 6,139,133$ 円

図で表すと次のようになります。

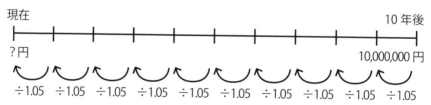

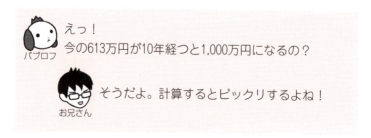

パブロフ：えっ！今の613万円が10年経つと1,000万円になるの？

お兄さん：そうだよ。計算するとビックリするよね！

<シャープ製>

	入力	回数	表示
9年後	1 0 0 0 0 0 0 0 ÷ 1 . 0 5 =	1	9,523,809.5238
8年後	=	2	9,070,294.78457
7年後	=	3	8,638,375.9853
6年後	=	4	8,227,024.7479
5年後	=	5	7,835,261.66466
4年後	=	6	7,462,153.96634
3年後	=	7	7,106,813.30127
2年後	=	8	6,768,393.62025
1年後	=	9	6,446,089.16214
現　在	=	10	6,139,132.53537

<カシオ製>

	入力	回数	表示
9年後	1 . 0 5 ÷ ÷ 1 0 0 0 0 0 0 0 =	1	9,523,809.5238
8年後	=	2	9,070,294.78457
7年後	=	3	8,638,375.9853
6年後	=	4	8,227,024.7479
5年後	=	5	7,835,261.66466
4年後	=	6	7,462,153.96634
3年後	=	7	7,106,813.30127
2年後	=	8	6,768,393.62025
1年後	=	9	6,446,089.16214
現　在	=	10	6,139,132.53537

円未満切り上げなので，6,139,132.53537…　→　6,139,133円

第3章　電卓の機能を使おう

3-7

定数計算＋

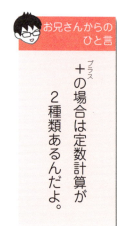

お兄さんからのひと言

＋（プラス）の場合は定数計算が2種類あるんだよ。

＊シャープ製の場合

■＋の定数計算

＋の定数計算には2種類あります。

🐾例1　異なる式に同じ数値を足すとき

まずは10＋100＝110，20＋100＝120，30＋100＝130を計算してみましょう。

<シャープ製>　　　　　　　　　<カシオ製>

```
1 0 ＋ 1 0 0 ＝ 110  答え        1 0 0 ＋ ＋ 1 0 ＝ 110  答え
        2 0 ＝ 120  答え                        2 0 ＝ 120  答え
        3 0 ＝ 130  答え                        3 0 ＝ 130  答え
```
（2回入力）

🐾例2　同じ数値をくり返し足すとき

次に，100＋2＝102，100＋2＋2＝104，100＋2＋2＋2＝106を計算してみましょう。

<シャープ製>　　　　　　　　　<カシオ製>

```
1 0 0 ＋ 2 ＝ 102  答え          2 ＋ ＋ 1 0 0 ＝ 102  答え
            ＝ 104  答え                         ＝ 104  答え
            ＝ 106  答え                         ＝ 106  答え
```
（2回入力）

パブロフ：お兄さん，どうなっているのか，教えて〜。

お兄さん：例1では，＋100を定数にしているよ。例2は，＋2を定数にしているんだ。

なるほど〜♪

3-8 定数計算 −

■ －の定数計算

－の定数計算には2種類あります。

🐾 例1　異なる式に同じ数値を引くとき

まずは58－10＝48，68－10＝58，78－10＝68を計算してみます。

＜シャープ製＞　　　　　　　　＜カシオ製＞

```
5 8 - 1 0 = 48  答え      1 0 - - 5 8 = 48  答え
        6 8 = 58  答え                6 8 = 58  答え
        7 8 = 68  答え     (2回入力)   7 8 = 68  答え
```

🐾 例2　同じ数値をくり返し引くとき

次に，58－3＝55，58－3－3＝52，58－3－3－3＝49を計算してみます。

＜シャープ製＞　　　　　　　　＜カシオ製＞

```
5 8 - 3 = 55  答え        3 - - 5 8 = 55  答え
        = 52  答え                  = 52  答え
        = 49  答え       (2回入力)   = 49  答え
```

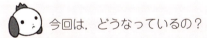
パブロフ：今回は，どうなっているの？

お兄さん：例1では，－10を定数にしているよ。例2は，－3を定数にしているんだ。

＋の定数と同じ考え方なんだね〜♪

練習問題

問題1 会社の新人歓迎会の幹事を任された。次の表に基づいて，料理代金と飲み放題の合計を計算しなさい。

	極上コース	特選コース	定番コース	格安コース
料理代金	6,000円	4,500円	3,000円	2,000円
飲み放題	1,500円	1,500円	1,500円	1,500円
合　計	① 　円	② 　円	③ 　円	④ 　円

解答1　①　7,500円　　②　6,000円　　③　4,500円　　④　3,500円

＜シャープ製＞

	入力	表示
極上	6 0 0 0 + 1 5 0 0 =	7,500
特選	4 5 0 0 =	6,000
定番	3 0 0 0 =	4,500
格安	2 0 0 0 =	3,500

＜カシオ製＞

	入力	表示
極上	1 5 0 0 + + 6 0 0 0 =	7,500
特選	4 5 0 0 =	6,000
定番	3 0 0 0 =	4,500
格安	2 0 0 0 =	3,500

問題2 会社の備品としてノートパソコンを3台購入した。割引クーポンを使い，購入価格からそれぞれ1万8千円値引きを受けた。値引き後の取得価額はいくらか計算しなさい。

	ノートパソコンA	ノートパソコンB	ノートパソコンC
定　価	186,000円	205,000円	94,000円
値引き額	△18,000円	△18,000円	△18,000円
差　引	① 　　円	② 　　円	③ 　　円

解答2　① 168,000円　② 187,000円　③ 76,000円

＜シャープ製＞

	入力	表示
A	1 8 6 0 0 0 － 1 8 0 0 0 ＝	168,000
B	2 0 5 0 0 0 ＝	187,000
C	9 4 0 0 0 ＝	76,000

＜カシオ製＞

	入力	表示
A	1 8 0 0 0 － － 1 8 6 0 0 0 ＝	168,000
B	2 0 5 0 0 0 ＝	187,000
C	9 4 0 0 0 ＝	76,000

第3章　電卓の機能を使おう

3-9
GT（グランドトータル）

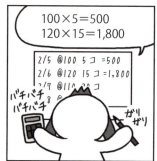

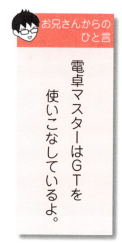

■GT（グランドトータル）とは

GT（グランドトータル）とは，＝を押した後に表示される数字を自動的に合計する機能です。割引現在価値を合計する際に便利な機能です。

問題 次の計算をGT機能を使って行いなさい。
計算①　100＋200＋300－400＝　200
計算②　500－600＋700＋800＝1,400
計算③　計算式①＋計算式②＝1,600

	入力	表示
計算①	1 0 0 ＋ 2 0 0 ＋ 3 0 0 － 4 0 0 ＝	200
計算②	5 0 0 － 6 0 0 ＋ 7 0 0 ＋ 8 0 0 ＝	1,400
計算③	GT	1,600

　なお，シャープ製の場合，**CA**を押すか，**GT**を2回続けて押せば，**GT**のメモリーの内容をクリアします。
　カシオ製の場合，**AC**を押せば，**GT**のメモリーの内容をクリアします。

練習問題

問題1 商品在庫を実際に数えて，次の表にまとめた。**GT**を使って金額を計算しなさい。

商　品	単　価	在庫数	金　額
コンタクトレンズS	@1,800円	200個	①　　　円
コンタクトレンズH	@1,400円	140個	②　　　円
カラーコンタクトR	@700円	400個	③　　　円
カラーコンタクトW	@600円	350個	④　　　円
合　　計	－	1,090個	⑤　　　円

解答1　① 360,000円　② 196,000円　③ 280,000円
　　　　④ 210,000円　⑤ 1,046,000円

	入力	表示
S	1 8 0 0 × 2 0 0 =	360,000
H	1 4 0 0 × 1 4 0 =	196,000
R	7 0 0 × 4 0 0 =	280,000
W	6 0 0 × 3 5 0 =	210,000
合計	GT	1,046,000

問題2 新しい事業を行った場合，3年間で見込まれる利益は毎年1,000,000円である。割引計算を行うさいに使用する年利率は2％として，新しい事業の割引現在価値を求めなさい。

なお，端数はその都度処理は行わず，最終的に円未満を切り捨てること。

解答2 2,883,883円

計算式は1,000,000÷(1＋0.02)＋1,000,000÷(1＋0.02)^2＋1,000,000÷(1＋0.02)^3＝2,883,883

図で表すと次のようになります。

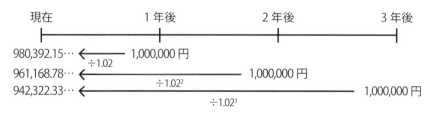

	入力	回数	表示
1年後	1 0 0 0 0 0 0 ÷ 1 . 0 2 =	1	980,392.156862
2年後	=	2	961,168.781237
3年後	=	3	942,322.334546
合　計	GT		2,883,883.27263

なお，カシオ製の場合，1年後の入力が 1 . 0 2 ÷ ÷ 1 0 0 0 0 0 0 ＝となります。

円未満切り捨てなので2,883,883.27263…　→　2,883,883

3-10 日数計算

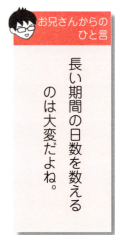

お兄さんからのひと言

長い期間の日数を数えるのは大変だよね。

日数計算機能とは

電卓を使わず日数を計算する場合，1月は31日間，9月は30日間など，各月の日数を暗記せざるを得ません。

また，「4月1日から12月31日まで」といった，長い期間の日数計算を自分ですると，ミスが多くなってしまいます。そこで便利なのが，電卓の日数計算機能です。**自動で日数の計算を行ってくれる機能**です。

日数計算機能の仕組み

電卓で始まりの日と終わりの日を指定すると，日数が計算されます。

問題　4月1日から12月31日の日数を両入で計算しなさい。

入力

　　4　日数　1　～　1　2　日数　3　1　＝
　　4月1日　　　　　　12月31日

解答　275日

■「両入」と「片落」って何？

　両入で計算するときは電卓のツマミを「両入」に，片落で計算するときは「片落」に合わせます。「両入」と「片落」どちらを使うか，通常は問題文に指示があります。指示がない場合は，次のように考えましょう。

> 🐾**両入**　始まりの日も終わりの日も含めて日数として数える。銀行からの借入金の利息，手形の割引計算などで使われる場合が多い。
> 🐾**片落**　始まりの日か終わりの日のどちらかを日数として数えない。有価証券の端数利息などで使われる場合が多い。

■日数計算のときはいつもと違う!?

　日数計算のときは，いつもの電卓の使い方と違います。

＜シャープ製＞

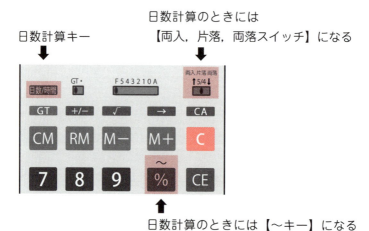

日数計算キー

日数計算のときには【両入，片落，両落スイッチ】になる

日数計算のときには【〜キー】になる

<カシオ製>

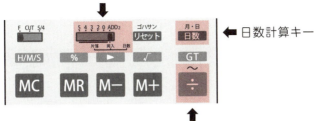

日数計算のときには
【片落，両入スイッチ】になる

← 日数計算キー

日数計算のときには【〜キー】になる

■ 実際の使い方

日数計算機能を使って，計算してみましょう。

問題　4月1日に現金1,000,000円を借り入れた。これを7月14日に返済した。借り入れをしていた日数を計算しなさい。

	入力	表示
手順1	スイッチを設定 <シャープ製>　　　　　　<カシオ製> 両入 片落 両落　　　　　5 4 3 2 0 ADD₂ ↑5/4↓　　　　　　　　　　　片落　両入　日数	0
手順2	4 日数 1 〜 7 日数 14 ＝	105

解答　105日

練習問題

問題1 次の日数を計算しなさい。
(1) 2016年2月3日から4月10日まで（両入）。
(2) 2016年6月26日から11月1日まで（片落）。
(3) 2016年12月10日から2017年3月9日まで（両入）。

解答1

(1) 67日

	入力	表示
手順1	スイッチを設定　＜シャープ製＞　両入片落両落　↑5/4↓　　＜カシオ製＞　5 4 3 2 0 ADD2　片落 両入 日数	0
手順2	2 日数 3 ～ 4 日数 1 0 ＝	67

(2) 128日

	入力	表示
手順1	スイッチを設定　＜シャープ製＞　両入片落両落　↑5/4↓　　＜カシオ製＞　5 4 3 2 0 ADD2　片落 両入 日数	0
手順2	6 日数 2 6 ～ 1 1 日数 1 ＝	128

(3) 90日

	入力	表示
手順1	スイッチを設定 <シャープ製>　　　　<カシオ製> 両入 片落 両落　　　5 4 3 2 0 ADD2 ↑5/4↓ 　　　　　　　　　　　片落　両入　日数	0
手順2	1 2 日数 1 0 ～ 3 日数 9 ＝	90

問題2 5月1日に現金2,500,000円を借り入れ,11月30日に返済した。年利率は7.3％で,利息は日割り計算をしている。借り入れにより発生した支払利息の金額を計算しなさい。

解答2 107,000円

	入力	表示
手順1	スイッチを設定 <シャープ製>　　　　<カシオ製> 両入 片落 両落　　　5 4 3 2 0 ADD2 ↑5/4↓ 　　　　　　　　　　　片落　両入　日数	0
手順2	5 日数 1 ～ 1 1 日数 3 0 ＝	214
手順3	× 2 5 0 0 0 0 0 × 7 ・ 3 ÷ 1 0 0 ÷ 3 6 5 ＝	107,000

3-11
+/−キー（サインチェンジキー）

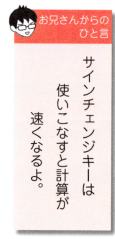

お兄さんからのひと言

サインチェンジキーは使いこなすと計算が速くなるよ。

■ +/− キー（サインチェンジキー）とは

プラスマイナスを変更したい場合に +/− を使います。1つの計算が終わり，計算結果のプラスマイナスを変更し，連続して次の計算を行いたいときに使うことが多いです。

問題 次の損益計算書において，売上総利益を計算しなさい。

<u>損益計算書</u>　　　（単位：千円）

売上高			100,000
売上原価	期首商品棚卸高	5,000	
	当期商品仕入高	60,000	
	期末商品棚卸高	4,000	61,000
売上総利益			（　　　）

① 5,000＋60,000−4,000＝61,000
この時点で電卓には61,000と表示される。

② 61,000を消さないで +/− を押すと電卓には−61,000と表示される。

③ −61,000＋100,000＝39,000 で売上総利益を求めることができる。

	入力	表示
手順1	5 0 0 0 ＋ 6 0 0 0 0 − 4 0 0 0 ＝	61,000
手順2	+/−	−61,000
手順3	＋ 1 0 0 0 0 0 ＝	39,000

解答　39,000

3-12

％と√

■ %キー(パーセントキー)とは

%キーは,消費税率や利率などパーセントが出てくる計算をする場合に使います。

> **問題** パソコンを280,000円(税抜)で購入した。現在の消費税率は10%であるものとして,消費税の金額を計算しなさい。

入力　`2 8 0 0 0 0 × 1 0 %`

ここまで押すと28,000と表示される。＝は押さない。

解答　28,000円

■ √キー(ルートキー)とは

√キーは,√を計算するために使います。簿記の試験ではあまり使いません。日商簿記1級や公認会計士試験では出てくる場合があります。

> **問題** √9を求めなさい。

入力　`9 √`

解答　3

3-13 税率設定

お兄さんからのひと言

消費税率は時々変更されるからね。

■ 税率設定とは

　税率設定とは，消費税の計算を行う際に使う税率を，電卓に記憶させておく機能です。8％と記憶させていた消費税率を，10％に変更することもできます。

　シャープ製SHARP EL-G37およびカシオ製 CASIO ND-26S（AZ-26S）の電卓には税率設定機能は付いていませんが，この機能が付いている電卓もありますので，紹介します。

■ 税率設定の仕方

　税率を10％に設定する場合，次のように操作します。

C　→　税率設定　→　1 0（設定する税率）　→　税率設定

■ 税込キーの使い方

　設定した税率は**税込**キーを押すと利用できます。**税込**キーは普段の生活でも役立つ便利な機能です。どのように使えばよいのか，問題を使って見ていきましょう。

> 問題　商品250,000円（税抜）を購入した。消費税率10％のとき，税込の金額はいくらか計算しなさい。

入力　2 5 0 0 0 0 税込
解答　275,000円

練習問題

問題　次の計算を行いなさい。
(1) $-56,000+120,000-72,000=$ ☐
(2) $450,000 \times 25\% =$ ☐
(3) $\sqrt{900} =$ ☐

解答

(1) $-8,000$

入力	表示
5 6 0 0 0　+/−　+　1 2 0 0 0 0　−　7 2 0 0 0　=	-8,000

(2) 112,500

入力	表示
4 5 0 0 0 0　×　2 5　%	112,500

(3) 30

入力	表示
9 0 0　√	30

> 第4章

試験で電卓を活用しよう

試験の当日はどのようなことに注意すればいいでしょうか。

4-1 計算ミスを減らしてスピードアップ

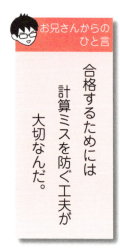

お兄さんからのひと言

合格するためには計算ミスを防ぐ工夫が大切なんだ。

■ どこで計算ミスが発生するの？

問題文を読んで解答するまでの間に，どのようなミスが発生するのかを考えてみましょう。本書では電卓で計算する部分について詳しく扱います。

1　問題文を読む

ミス	解き方を間違ってしまう。
原因	理解の不足
対策	問題文に対応した解き方を覚え，問題文を読んだときに自分で解き方を再現できるようにする。

↓

2　計算式を書く

ミス	問題文を読み間違ってしまう。 下書きに間違った数字を写す。
原因	読解力の不足
対策	ペンで文字をなぞりながら読む。 写した後に数字を確認する。

↓

3　電卓で計算する

ミス	数字の入力ミス 数字の集計漏れ
原因	電卓のミス
対策	電卓のトレーニングを行う。

↓

4　答案用紙に記入する

ミス	記入箇所を間違える。 単位（千円，円）を間違える。
原因	注意力の不足
対策	記入した後に数字と単位を確認する。

電卓のミスを減らすには？

電卓のミスを減らすにはどうすればよいのか、テクニックを見ていきましょう。

テクニック1　計算式を必ず書く。電卓だけで計算しないことが重要！

問題を解く場合には電卓だけで計算すると、計算が雑になり間違いやすくなるだけでなく、見直しの際にどのように計算したかがわからなくなってしまいます。また、間違えた場合に復習するとき、計算式を書いておけばどこをどのように間違ったかがわかりやすくなります。

× 計算式を書かない　　○ 計算式を書く

テクニック2　計算式や下書きの数字は、大きく丁寧に書くこと！

下書きに数字を大きく丁寧に書くことで、読み間違いを防止します。時間短縮のために、素早く雑に書きたくなるかもしれませんが、数字を雑に書いてしまうと結果的に答えを間違ってしまい、元も子もなくなります。桁間違いを防止するために、カンマを書くことも忘れないようにしましょう。

× 小さく雑に書く　　○ 大きく丁寧に書く

テクニック3　電卓は1回だけしか打たない！

同じ計算について電卓を何度も打つ人がいますが，焦って何度も電卓を打つと，何度も違う答えが出てしまい，更に何度も計算し直すことになり，時間をロスしてしまいます。正確に1回で打つ練習が大切です。

×焦って何度も打つ　　　〇正確に1回で打つ

テクニック4　電卓の入力スピードより正確に打つことが大切！

電卓の入力スピードが遅い人も合格していますので，電卓の入力スピードは合否に関係ありません。時間が足りなくなる人は電卓を打つスピードが遅いことが原因ではなく，「1　問題文を読む」段階で時間を使っている可能性があります。

問題文を読んで解答を導く計算過程や下書きがパッと思い浮かぶように，日頃から練習しておく必要があります。

×スピード重視　　　〇正確に打つ

練習問題

問題 次の資料にもとづいて、(1)商品有高帳を完成させ、(2)1月の売上総利益を計算しなさい。なお、商品の払出単価は先入先出法で行っている。

1月1日 前月末の商品Aの在庫は1個790円で5個残っていた。
1月8日 商品Aを1個1,000円で10個仕入れた。
1月10日 商品Aを1個1,500円で10個売り上げた。
1月16日 商品Aを1個900円で10個仕入れた。
1月24日 商品Aを1個1,500円で12個売り上げた。

(1)

商 品 有 高 帳
商品A

日付		摘 要	受 入			払 出			残 高		
			数量	単価	金額	数量	単価	金額	数量	単価	金額
1	1	前月繰越	5	790	3,950				5	790	3,950
	8	仕 入	10	1,000	10,000				5	790	3,950
									10	1,000	10,000
	10	売 上				5	790	3,950			
						5	1,000	5,000	5	1,000	5,000
	16	仕 入	10	900	9,000				5	1,000	5,000
									10	900	9,000
	24	売 上				5	1,000	5,000			
						7	900	6,300	3	900	2,700
	31	次期繰越				3	900	2,700			
			25	―	22,950	25	―	22,950			

(2) 1月の売上総利益　12,750 円

解答 (1)

商 品 有 高 帳

商品A

日付		摘 要	受 入			払 出			残 高		
			数量	単価	金額	数量	単価	金額	数量	単価	金額
1	1	前月繰越	5	790	3,950				5	790	3,950
	8	仕 入	10	1,000	10,000				5	790	3,950
									10	1,000	10,000
	10	売 上				5	790	3,950			
						5	1,000	5,000	5	1,000	5,000
	16	仕 入	10	900	9,000				5	1,000	5,000
									10	900	9,000
	24	売 上				5	1,000	5,000			
						7	900	6,300	3	900	2,700
	31	次期繰越				3	900	2,700			
			25	—	22,950	25	—	22,950			

　日付ごとに記入していきます。1月1日は記入済みですので，8日から順番に記入します。数量と単価を記入し，電卓で金額を計算します。

1月8日　商品Aを1個1,000円で10個仕入れた。

日付		摘 要	受 入			払 出			残 高		
			数量	単価	金額	数量	単価	金額	数量	単価	金額
1	1	前月繰越	5	790	3,950				5	790	3,950
	8	仕 入	10	1,000	10,000				5	790	3,950
									10	1,000	10,000

入力 1 0 × 1 0 0 0 ＝

先入先出法なので，前月繰越の5個と8日に仕入れた10個を別々に書く。

1月10日　商品Aを1個1,500円で10個売り上げた。

1月16日　商品Aを1個900円で10個仕入れた。

1月24日　商品Aを1個1,500円で12個売り上げた。

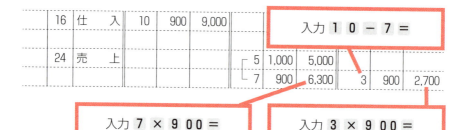

次期繰越を記入し，最後に合計を記入する。

入力 5 ＋ 1 0 ＋ 1 0 ＝

入力 5 ＋ 5 ＋ 5 ＋ 7 ＋ 3 ＝

| | 31 | 次期繰越 | | | | 3 | 900 | 2,700 | |
| | | | 25 | － | 22,950 | 25 | － | 22,950 | |

入力 3 9 5 0 ＋ 1 0 0 0 0 ＋ 9 0 0 0 ＝

入力 3 9 5 0 ＋ 5 0 0 0 ＋ 5 0 0 0 ＋ 6 3 0 0 ＋ 2 7 0 0 ＝

解答 (2) 1月の売上総利益　　12,750円

下書きを書いて，1月の売上総利益を計算します。

```
売上
 1/10  1,500円 × 10コ = 15,000円 ⎫
 1/24  1,500円 × 12コ = 18,000円 ⎬ 33,000円

売上原価
 1/10  3,950 + 5,000 = 8,950円  ⎫
 1/24  5,000 + 6,300 = 11,300円 ⎬ 20,250円

売上総利益  33,000 － 20,250 = 12,750
```

入力

	入力	表示
手順1	1 5 0 0 × 1 0 M＋ 1 5 0 0 × 1 2 M＋ RM（カシオ製はMR）	33,000
手順2	3 9 5 0 M－ 5 0 0 0 M－ 5 0 0 0 M－ 6 3 0 0 M－ RM（カシオ製はMR）	12,750

4-2 試験当日

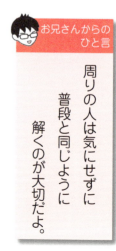

■ 試験当日

試験当日に，電卓に関して注意することがあります。事前に対策をしておくことで，万全の態勢で試験に挑むことができます。

関連ページ　試験に持ち込むことが可能な電卓とは⇨1-1

■ 電卓が壊れたらどうするの？

電卓にトラブルがあったときのために，試験には**電卓を2つ持って行き**ます。予備の電卓は，普段使っているメーカーの電卓がよいでしょう。

試験中，予備の電卓はカバンの中に入れておきます。万一，電卓にトラブルが発生した場合には，手を挙げて試験官に事情を説明し，電卓を取り換えてもよいか確認してから予備の電卓を取り出すようにしましょう。

×電卓が1つの場合　　〇予備の電卓がある場合

■ 他人が叩く電卓の音が気になったら？

試験会場で他の人が先に電卓を叩き始めても，焦らず自分のペースを保ちましょう。電卓を最初からバチバチ叩く問題はめったにありません。「もう

電卓を叩き始めるなんて，問題を解くのに慣れていないのだな」と考え，自分はいつも通りの解き方をしましょう。

　単純に，他人の電卓を叩く音が気になって集中できないという人は，専門学校で実施される模擬試験を受けるのがおすすめです。たくさんの受験生が一斉に問題を解く雰囲気に慣れるとよいでしょう。

× 周りが気になって焦る　　〇 周りを気にせず自分のペースで

貸借が合わなかったら？

　試算表や貸借対照表の貸借合計を合わすのは時間がかかります。いくら電卓に自信があっても，1回で合わなかったら次の問題へ進むことが重要です。最後まで解き終わり，見直しも終わった後に，その問題に戻って貸借不一致の原因を探るのがおすすめです。

× 1つの問題に時間をかけすぎる　　〇 次の問題へ進み全体で得点する

第5章

仕事で電卓を活用しよう

これまでは試験で使う内容を中心に説明してきました。
第5章では経理，公認会計士，税理士などの仕事で役立つ
内容を見ていきましょう。

5-1 エクセルだけではミスは発見できない

■仕事で使うのはエクセル

かつては帳簿を手書きで記録していましたが，現在はパソコンの会計ソフトに入力することが多くなっています。また，得意先別売上や固定資産台帳，有価証券管理表などをエクセルで管理している会社も多いです。

■エクセルの資料によくあるミス

過去の担当者が作ってきたエクセルを秘伝のタレのように継ぎ足して使うことも多いですが，いざ自分で入力してみるとよくわからずミスしてしまった，なんてこともあります。

たとえば，エクセルの売上高一覧に新しい取引先を追加したとき，集計範囲を更新するのを忘れて売上高合計を間違ってしまった経験はないでしょうか。

エクセルのミスは，次のような理由から起きてしまいます。

> 🐾新しい取引が起きると今までの数式をそのまま使えないことが多い。
> 🐾セルの集計漏れに気が付きにくい。
> 🐾他の人が作った資料の数式は，解読が困難な場合が多い。

熟練度にもよりますが，エクセルを見ただけでミスを発見することは困難です。

電卓で計算チェックする

　それでは，どのようにすればミスを発見することができるでしょうか。エクセルを眺めているだけでは間違いを発見できない可能性が高く，また発見できたとしても時間がかかってしまいます。

　そこでおすすめなのは，**エクセルで作った資料を出力し，電卓で計算チェック**することです。

問題　次の資料において合計金額が正しいことを確認しなさい。

有価証券管理表　　　　　　　　　　　　　　　　更新日　2016年3月31日

	売買目的有価証券	取得日	満期日	保有率	帳簿価額	合　計
1	P社株式	2011年5月10日	－	5.00%	447,000	
2	Q社株式	2012年1月20日	－	3.00%	291,000	1,174,000
3	R社社債	2012年4月1日	2022年3月31日	－	326,000	
4	S社株式	2014年9月30日	－	2.00%	110,000	

	満期保有目的の債券	取得日	満期日	保有率	帳簿価額	合　計
1	T社社債	2007年5月1日	2017年4月30日	－	1,000,000	3,000,000
2	日本国債	2016年2月1日	2021年1月31日	－	2,000,000	

	子会社株式	取得日	満期日	保有率	帳簿価額	合　計
1	A社株式	2009年4月1日	－	60.00%	1,600,000	3,980,000
2	B社株式	2012年4月1日	－	51.00%	2,480,000	

	その他有価証券	取得日	満期日	保有率	帳簿価額	合　計
1	U社株式	2014年10月1日	－	18.00%	529,000	765,000
2	W社社債	2010年12月1日	2015年11月30日	－	236,000	

	有価証券の合計	8,919,000

合計の金額について電卓で計算を行います。

(1) 売買目的有価証券は**正しい**です。

入力	表示	資料
4 4 7 0 0 0 ＋ 2 9 1 0 0 0 ＋ 3 2 6 0 0 0 ＋ 1 1 0 0 0 0 M＋	1,174,000	一致

(2) 満期保有目的の債券は**正しい**です。

入力	表示	資料
1 0 0 0 0 0 0 ＋ 2 0 0 0 0 0 0 M＋	3,000,000	一致

(3) 子会社株式は**間違っている**ので，3,980,000を4,080,000になるようエクセルの計算式を修正します。

入力	表示	資料
1 6 0 0 0 0 0 ＋ 2 4 8 0 0 0 0 M＋	4,080,000	不一致

(4) その他有価証券は**正しい**です。なお，有価証券管理表の更新日が2016年3月31日にもかかわらず，W社社債の満期日が2015年11月30日になっています。W社社債については，担当者に確認した方がよいでしょう。

入力	表示	資料
5 2 9 0 0 0 ＋ 2 3 6 0 0 0 M＋	765,000	一致

(5) 有価証券の合計は**間違っている**ので，8,919,000を9,019,000になるようエクセルの計算式を修正します。

入力	表示	資料
RM （カシオ製はMR）	9,019,000	不一致

🐾修正後

有価証券管理表　　　　　　　　　　　　　　　更新日　2016年3月31日

	子会社株式	取得日	満期日	保有率	帳簿価額	合　計
1	A社株式	2009年4月1日	－	60.00%	1,600,000	4,080,000
2	B社株式	2012年4月1日	－	51.00%	2,480,000	

	有価証券の合計	9,019,000

5-2 公認会計士と電卓

公認会計士も電卓を使うの？
うん

開示チェックのときは特に電卓をよく使うよ
開示チェックというのは監査している会社の有価証券報告書の記載が監査した数字と合っているか突合したり記載事項が正しいかチェックすることだよ

今のうちに逃げよう…
開示チェック以外にも紙でもらった資料の計算チェックをしたり紙の調書を作成するときも
そー

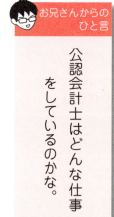

お兄さんからのひと言

公認会計士はどんな仕事をしているのかな。

公認会計士とは

公認会計士とは，会計と監査を専門とする国家資格です。公認会計士になると次のような仕事を行います。

- **監査** 公認会計士の独占業務。会社が作成した財務諸表について公認会計士がチェックを行い，重要な誤りがないことを証明する。
- **税務** 公認会計士は税理士にも登録できる。税務について詳しくは5-3を参照。
- **コンサルティング** 会計の知識を活かして，M&Aや内部統制などのコンサルティングを行う。

公認会計士が電卓を使う場面

公認会計士の仕事では，普段から電卓を使いますが，特に次のような場面でよく使います。

- 有価証券報告書の開示チェック
- 棚卸立会（在庫の数と単価が合ってるか）

●有価証券報告書の開示チェック

●棚卸立会

5-3 税理士と電卓

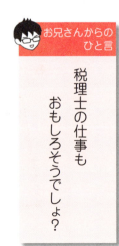

税理士とは

　税理士とは，税務を専門とする国家資格です。税理士になると次のような仕事を行います。

- **税務**　税理士の独占業務。税務書類の作成，税務署への申告，税金についての相談を受けること。
- **会計帳簿の記帳代行**　会社の代わりに税理士が帳簿に記録する。
- **経営についてのアドバイス**　税務の専門家としての知識や経験を生かし，経営者へ経営についてのアドバイスを行う。

税理士が電卓を使う場合

　税理士の仕事では，普段から電卓を使いますが，特に次のような場面でよく使います。

- 相手から貰った資料が合っているか。
- お客さんに税金の金額を説明するとき。

●資料が合っているか

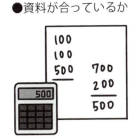

●税金を説明

5-4 経理担当と電卓

お兄さんからのひと言

経理は簿記で学んだ内容が基本になるんだよ。

経理の仕事

経理とは，会社が行った取引を帳簿に記録し，さらに開示資料を作成したり，お金や固定資産などを管理したりする仕事です。経理の人は次のような仕事を行います。

- **予算作成** 会社で行われる予定の各取引で使うことのできる金額を決めること。
- **記帳** 会社が行った取引を帳簿に記録すること。
- **経費の精算** 会社の人が使った経費の領収書を受け取り，会社の金庫などに保管してあるお金を渡すこと。
- **開示資料の作成** 会社は外部の人へ経営成績などを報告する必要がある。この報告に使う資料を開示資料といい，開示資料を作成するのも経理の仕事である。
- **預金，有価証券，固定資産などの管理**

経理の人が電卓を使う場面

経理の仕事では，普段から電卓を使いますが，特に次のような場面でよく使います。

- **帳簿や資料の計算チェック**
- **開示資料の表示チェック**

●計算チェック

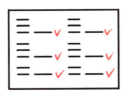

●表示チェック

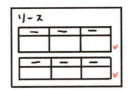

5-5 いろいろな仕事と電卓

> **お兄さんからのひと言**
>
> 会計に関係する仕事以外でも電卓を使うことがあるよ。

■電卓を使う場面

　会計に関係する仕事だけではなく，いろいろな仕事で電卓を使う場面があります。仕事で必要な電卓の機能を知っていると，とても便利です。

😺お店のレジ

　お店のレジでは，税抜き価格を税込み価格にする消費税の計算や，お釣りの計算などで電卓を使います。

> **問題**　税抜き200円の商品を税込みの金額にし（消費税率10%とする），300円を受け取ったとき，お釣りの金額を計算しなさい。

入力　２ ０ ０ × １ ・ １ ＝ ＋/－ ＋ ３ ０ ０ ＝ 80　[答え]

解答　80円

😺人事

　給料や社会保険料などを計算するとき，基本的にはパソコンでエクセルなどを使いますが，電卓を使ってミスを見つけることも可能です。

😺営業

　営業では，請求書など金額を扱うときにはパソコンを使うことも多いですが，実際に客先で価格の交渉などをする場合には電卓を使います。

練習問題

問題 経理担当者が作成した損益計算書と貸借対照表が正しいか，計算チェックを行いなさい。間違っている場合は，正しい金額に修正しなさい。なお，法人税等は税引前当期純利益の40％を計上している。

損 益 計 算 書

(単位：円)

I	売 上 高			93,120,400
II	売 上 原 価			
	1 期 首 商 品 棚 卸 高		2,149,000	
	2 当 期 商 品 仕 入 高		29,087,400	
	合 計		31,236,400	
	3 期 末 商 品 棚 卸 高		2,616,000	33,852,400
	売 上 総 利 益			59,268,000
III	販 売 費 及 び 一 般 管 理 費			
	1 給 料		40,400,000	
	2 旅 費 交 通 費		3,240,000	
	3 支 払 家 賃		9,800,000	
	4 貸 倒 引 当 金 繰 入		240,000	
	5 退 職 給 付 費 用		2,800,000	
	6 減 価 償 却 費		1,800,000	58,040,000
	営 業 利 益			1,228,000
IV	営 業 外 収 益			
	受 取 配 当 金			143,000
V	営 業 外 費 用			
	支 払 利 息			261,000
	経 常 利 益			1,110,000
VI	特 別 利 益			
	土 地 売 却 益			700,000
VII	特 別 損 失			
	固 定 資 産 除 却 損			1,802,000
	税 引 前 当 期 純 利 益			8,000
	法人税，住民税及び事業税			2,000,000
	当 期 純 利 益			△1,992,000

貸借対照表　　　　　　　　　　（単位：円）

資　産　の　部			負　債　の　部	
Ⅰ 流動資産			Ⅰ 流動負債	
現金預金		53,000,000	支払手形	6,500,000
受取手形	8,000,000		買掛金	4,300,000
貸倒引当金	160,000	8,160,000	未払法人税等	2,000,000
売掛金	5,000,000		流動負債合計	12,800,000
貸倒引当金	100,000	5,100,000	Ⅱ 固定負債	
有価証券		2,700,000	長期借入金	13,000,000
前払費用		120,000	退職給付引当金	23,200,000
流動資産合計		69,080,000	固定負債合計	36,200,000
Ⅱ 固定資産			負債の部合計	49,000,000
建物	36,000,000		純　資　産　の　部	
減価償却累計額	7,200,000	29,000,000	資本金	100,000,000
備品	4,800,000		資本準備金	20,000,000
減価償却累計額	1,200,000	3,600,000	利益準備金	5,000,000
土地		100,000,000	繰越利益剰余金	26,960,000
固定資産合計		132,600,000	純資産の部合計	133,960,000
資産の部合計		201,680,000	負債・純資産合計	182,960,000

第5章　仕事で電卓を活用しよう

解答

損益計算書 (単位：円)

Ⅰ	売上高		❶ 93,120,400
Ⅱ	売上原価		
	1 期首商品棚卸高	2,149,000	
	2 当期商品仕入高	29,087,400	正しくは 28,620,400
	合計	❷ 31,236,400	
	3 期末商品棚卸高	2,616,000	❸ ~~33,852,400~~
	売上総利益		❹ ~~59,268,000~~
Ⅲ	販売費及び一般管理費		
	1 給料	40,400,000	正しくは 64,500,000
	2 旅費交通費	3,240,000	
	3 支払家賃	9,800,000	
	4 貸倒引当金繰入	240,000	正しくは 58,280,000
	5 退職給付費用	2,800,000	
	6 減価償却費	1,800,000	❺ ~~58,040,000~~
	営業利益		❻ ~~1,228,000~~
Ⅳ	営業外収益		正しくは 6,220,000
	受取配当金		143,000
Ⅴ	営業外費用		
	支払利息		261,000
	経常利益		❼ ~~1,110,000~~
Ⅵ	特別利益		正しくは 6,102,000
	土地売却益		700,000
Ⅶ	特別損失		正しくは 5,000,000
	固定資産除却損		1,802,000
	税引前当期純利益		❽ ~~8,000~~
	法人税,住民税及び事業税		❾ 2,000,000
	当期純利益		❿ ~~△1,992,000~~
			正しくは 3,000,000

損益計算書が正しいのか，次の手順で確認します。

項目	入力	表示
❶売上	9 3 1 2 0 4 0 0 M+	93,120,400
❷合計	2 1 4 9 0 0 0 + 2 9 0 8 7 4 0 0 =	31,236,400
❸売上原価	− 2 6 1 6 0 0 0 M−	28,620,400
❹売上総利益	RM（カシオ製の場合はMR）	64,500,000
❺販売費及び一般管理費	4 0 4 0 0 0 0 0 + 3 2 4 0 0 0 0 + 9 8 0 0 0 0 0 + 2 4 0 0 0 0 + 2 8 0 0 0 0 0 + 1 8 0 0 0 0 0 M−	58,280,000
❻営業利益	RM	6,220,000
❼経常利益	1 4 3 0 0 0 M+ 2 6 1 0 0 0 M− RM	6,102,000
❽税引前当期純利益	7 0 0 0 0 0 M+ 1 8 0 2 0 0 0 M− RM	5,000,000
❾法人税，住民税及び事業税	× 4 0 % M−	2,000,000
❿当期純利益	RM	3,000,000

貸　借　対　照　表　　　　　　　　　　（単位：円）

資　産　の　部			負　債　の　部		
I 流動資産		[正しくは 7,840,000]	I 流動負債		
現金預金		53,000,000	支払手形		6,500,000
受取手形	8,000,000		買掛金		4,300,000
貸倒引当金	160,000	❶ 8,160,000	未払法人税等		2,000,000
売掛金	5,000,000		流動負債合計	❽	12,800,000
貸倒引当金	100,000	❷ 5,100,000	II 固定負債		
有価証券	[正しくは 4,900,000]	2,700,000	長期借入金		13,000,000
前払費用		120,000	退職給付引当金		23,200,000
流動資産合計	❸	69,080,000	固定負債合計	❾	36,200,000
II 固定資産	[正しくは 68,560,000]		負債の部合計	❿	49,000,000
建物	36,000,000	[正しくは 28,800,000]	純　資　産　の　部		
減価償却累計額	7,200,000	❹ 29,000,000	資本金		100,000,000
備品	4,800,000		資本準備金		20,000,000
減価償却累計額	1,200,000	❺ 3,600,000	利益準備金		5,000,000
土地	[正しくは 132,400,000]	100,000,000	繰越利益剰余金		26,960,000
固定資産合計	❻	132,600,000	純資産の部合計	⓫	133,960,000
資産の部合計	❼	201,680,000	負債・純資産合計	⓬	182,960,000
	[正しくは 200,960,000]		[正しくは 200,960,000]		
			[正しくは 151,960,000]		

貸借対照表が正しいのか，次の手順で確認します。

項目	入力	表示
❶受取手形	8 00 00 00 − 1 6 00 00 =	7,840,000
❷売掛金	5 00 00 00 − 1 00 00 0 =	4,900,000
❸流動資産合計	5 3 00 00 00 + 7 8 4 00 00 + 4 9 00 00 0 + 2 7 00 00 0 + 1 2 00 00 M+	68,560,000
❹建物	3 6 00 00 00 − 7 2 00 00 0 =	28,800,000
❺備品	4 8 00 00 0 − 1 2 00 00 0 =	3,600,000
❻固定資産合計	2 8 8 00 00 0 + 3 6 00 00 0 + 1 00 00 00 00 M+	132,400,000
❼資産の部合計	RM （カシオ製の場合は MR）	200,960,000
❽流動負債合計	CA （カシオ製の場合は リセット） 6 5 00 00 0 + 4 3 00 00 0 + 2 00 00 00 M+	12,800,000
❾固定負債合計	1 3 00 00 00 + 2 3 2 00 00 0 M+	36,200,000
❿負債の部合計	RM	49,000,000
⓫純資産の部合計	1 00 00 00 00 + 2 00 00 00 0 + 5 00 00 00 + 2 6 9 60 00 0 M+	151,960,000
⓬負債・純資産合計	RM	200,960,000

第5章 仕事で電卓を活用しよう

修正後

損益計算書
(単位:円)

Ⅰ	売上高		93,120,400
Ⅱ	売上原価		
	1 期首商品棚卸高	2,149,000	
	2 当期商品仕入高	29,087,400	
	合計	31,236,400	
	3 期末商品棚卸高	2,616,000	**28,620,400**
	売上総利益		**64,500,000**
Ⅲ	販売費及び一般管理費		
	1 給料	40,400,000	
	2 旅費交通費	3,240,000	
	3 支払家賃	9,800,000	
	4 貸倒引当金繰入	240,000	
	5 退職給付費用	2,800,000	
	6 減価償却費	1,800,000	**58,280,000**
	営業利益		**6,220,000**
Ⅳ	営業外収益		
	受取配当金		143,000
Ⅴ	営業外費用		
	支払利息		261,000
	経常利益		**6,102,000**
Ⅵ	特別利益		
	土地売却益		700,000
Ⅶ	特別損失		
	固定資産除却損		1,802,000
	税引前当期純利益		**5,000,000**
	法人税,住民税及び事業税		2,000,000
	当期純利益		**3,000,000**

貸借対照表

(単位：円)

資産の部			負債の部	
I 流動資産			I 流動負債	
現金預金		53,000,000	支払手形	6,500,000
受取手形	8,000,000		買掛金	4,300,000
貸倒引当金	160,000	7,840,000	未払法人税等	2,000,000
売掛金	5,000,000		流動負債合計	12,800,000
貸倒引当金	100,000	4,900,000	II 固定負債	
有価証券		2,700,000	長期借入金	13,000,000
前払費用		120,000	退職給付引当金	23,200,000
流動資産合計		68,560,000	固定負債合計	36,200,000
II 固定資産			負債の部合計	49,000,000
建物	36,000,000		純資産の部	
減価償却累計額	7,200,000	28,800,000	資本金	100,000,000
備品	4,800,000		資本準備金	20,000,000
減価償却累計額	1,200,000	3,600,000	利益準備金	5,000,000
土地		100,000,000	繰越利益剰余金	26,960,000
固定資産合計		132,400,000	純資産の部合計	151,960,000
資産の部合計		200,960,000	負債・純資産合計	200,960,000

電卓で困った話

　在庫管理，経理，内部監査，公認会計士，税理士などは，店舗や倉庫で行われる棚卸(たなおろ)しに立ち会うことがあります。

　棚卸しとは，店舗や倉庫にある在庫の数を数え，また在庫の状態を確認する作業のことをいいます。在庫の数や金額が，帳簿と一致しているか確認するために行われます。

　棚卸しでは，さまざまな在庫の数を合計することもあることから，電卓が必需品です。みなさまも，棚卸しに行くことがあれば必ず電卓を持って行ってください。

　ところで，棚卸しが始まり，いざ電卓を取り出して計算しようとしたところ「電卓の電源が入らない！」という経験をする人が少なくありません。

　電卓には太陽電池と乾電池，2種類の電池が搭載されていることが多いですが，薄暗い倉庫の中などでは十分な光がなく太陽電池が機能しなくなります。そんなときに活躍するはずの乾電池が切れていると電卓の電源が入らないという最悪の事態に…。

　普段は明るい場所で使っていて太陽電池に頼りきりで，乾電池の電池切れに気付かないことがほとんどです。棚卸しに行く前には，薄暗いところで電源が入るかチェックしてみてくださいね。

第 6 章

電卓のミスを
減らそう

試験や仕事で電卓のミスを減らし，効率的に勉強や仕事を進めましょう。

6-1 キーを押し間違える

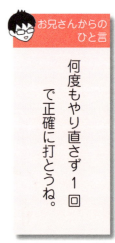

🟥 最初はスピードより正確さ

　電卓を速く打とうとして，キーを打ち間違えては意味がありません。電卓の入力に慣れるまでは**スピードより正確さが大切**です。キーを打ち間違える人は，ブラインドタッチの練習（2-4）に戻って，自分の打ち方が正しいかを確認しましょう。

　また，×や÷など，たまにしか使わないキーはブラインドタッチをせず，よく確認して入力すると打ち間違いが減ります。

🟥 何度も打たない

　打ち間違いが多い人は，電卓で計算する際に一度では不安になり，何度も打ってしまうことがあります。何度も打つ癖がつくと，**試験や仕事で分量の多い計算をするときなどに時間を浪費する**ことになります。電卓の入力は，正確に一度だけ計算する習慣をつけることが大切です。

🟥 間違えたと思ったら

　キーを押し間違えたと思ったら，**すぐに計算を止めて，電卓の表示を確認**します。

　間違っていなかったら，そのまま計算を続けます。もし間違っていたら，最初に戻るのではなく，桁下げキー　→　（カシオ製の場合は　▶　）で修正して計算を続けます。

6-2 何回足したのかわからなくなる

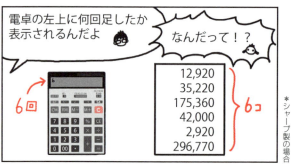
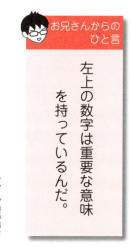

> お兄さんからのひと言
>
> 左上の数字は重要な意味を持っているんだ。

■ カウンター表示機能

何回足したのかわからなくなった場合,どうすればよいでしょうか。
　ここで役に立つのがカウンター表示機能です。電卓の画面をよく見てみると左上に数字を入力した回数が表示されています。なお,カシオ製にはこの機能はありません。

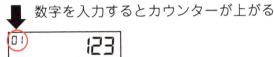
数字を入力するとカウンターが上がる

■ 使い方

電卓に数字を入力していくとどのようになるのか,問題を使って見ていきましょう。

問題　110＋120＋130＋140＋150＝

入力	表示	
110＋	カウンター1	110
110＋120＋	カウンター2	230
110＋120＋130＋	カウンター3	360
110＋120＋130＋140＋	カウンター4	500
110＋120＋130＋140＋150＝	カウンター5	650

解答　650

このように,数字を入力した回数が表示されますので,何回足したのかを確認したい場合はカウンターの表示を見るようにしましょう。

6-3
桁数（ゼロの数）を間違える

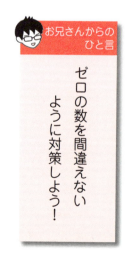

お兄さんからのひと言

ゼロの数を間違えないように対策しよう！

■桁数はカンマを見る

　桁数が多い数字を入力する場合，ゼロの数を間違えることがあります。15000000円のように金額が大きい場合，ゼロが何個あるのか，パッと見てわかりにくいです。

　簿記では，桁数がパッとわかるように3桁ごとに「,」（カンマ）を付けます。カンマを付けてみると15,000,000円，ゼロが6個あることがすぐにわかるようになります。

　　　　× カンマなし　　　　　　　○ カンマあり

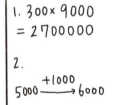
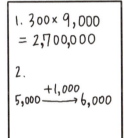

■入力する場合のミスを防ぐ

　桁数を見間違えることはカンマで対策しましたが，電卓に入力する場合に間違えることもあります。入力の精度は電卓の熟練度（ブラインドタッチの練習）が重要となってきますが，ここでは**ミスの起きにくい打ち方**を紹介します。

　15,000,000円を入力する場合を見ていきましょう。ポイントは，**0**を6回押すのではなく，**00 00 00**のように，なるべく**00**を利用することです。

6-4 ミスの見つけ方

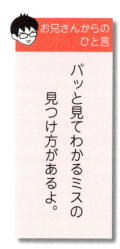

お兄さんからのひと言

パッと見てわかるミスの見つけ方があるよ。

◼︎ 簡単なミスの見つけ方

試験や仕事で試算表や貸借対照表を扱うとき，貸借が合わない場合には必ずどこかが間違っています。簿記の仕組みとして，**試算表や貸借対照表の貸借は，必ず合うようにできている**からです。

◼︎ 試験でのミスの見つけ方

試験では，一通り問題を解き終わった後に「見直し」を行うことでミスを見つけます。試験本番だけでなく，普段の学習で問題を解く際にも，答え合わせをする前に「見直し」をして，慣れておくとよいでしょう。

- ☑ 問題文の情報を見落としていないかを確認する。
- ☑ 問題文の情報が下書きに反映されていて，下書きで正しく計算されているかを確認する。
- ☑ 割り算をして割り切れないときは，どこか間違っていないか注意深く確認する。割り切れない答えのときは端数処理の指示がある。

◼︎ 仕事でのミスの見つけ方

仕事でミスを見つける方法は，その内容や会社独自の方法があります。本書では**多くの仕事で使える基本的なミスの見つけ方**を紹介します。

- ☑ 帳簿と元資料を見比べて一致していることを確認する。
- ☑ 年ごと，月ごとの増減を見て異常な数値になっていないか確認する。
- ☑ 足し算，引き算など，計算できるところはすべて再計算する。

6-5 ケアレスミスの減らし方

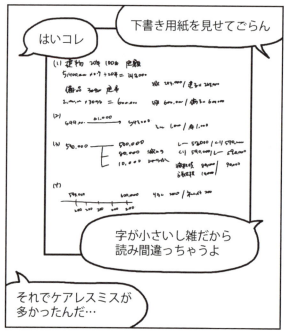

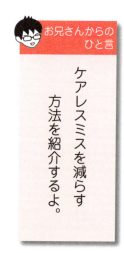

お兄さんからのひと言

ケアレスミスを減らす方法を紹介するよ。

■ケアレスミスはなぜ起きる!?

　試験でケアレスミスをして点を落としてしまった経験はありませんか。ケアレスミスを減らすためには，自分がどのような原因でケアレスミスをするのかを把握し，対策することが大切です。
　代表的なものを挙げますので，チェックしてみてください。

☑ **下書きの文字が小さい，汚い**
　正しい計算ができていても自分の文字を読み間違える。
　→**対策**　下書きには小さすぎない文字で丁寧に書く。下書き用紙が足りない場合はP.128のようにする。

☑ **問題文を読み間違える**
　月数の数え間違い，減価償却方法の定額法と定率法，残高試算表と合計試算表など問題文の情報を読み間違える。
　→**対策**　「いつも12カ月だから」「いつも定額法だから」という先入観を捨て，問題文に書いてある情報を正しく読み取る。

☑ **写し間違える**
　問題文の情報を下書き用紙に写し間違える。下書き用紙から答案用紙に写し間違える。
　→**対策**　写すときに確認する。さらに，見直しのときに再確認する。

☑ **月数を数え間違える**
　減価償却費，有価証券などの計算で対象となる当期の月数を数え間違える。
　→**対策**　月数を数える場合，指折り数える。

下書き用紙を増やす方法

　下書き用紙が足りなくなる不安があり，字が小さくなってしまう場合には，次の対策があります。

　対策①　試験問題の表紙と最終ページを破って下書き用紙として使います。これで枚数が増えます。

　対策②　下書き用紙を半分に折って使います。面が増えますので，効率的に使用することができます。

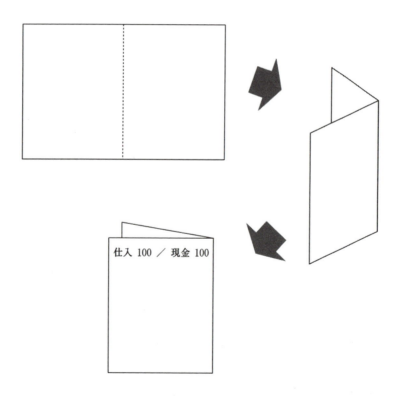

Epilogue

【著者紹介】

よせだあつこ

willsi 株式会社取締役。公認会計士。

監査法人トーマツを経て，スマートフォンアプリの企画・開発・販売をおこなう willsi 株式会社を設立。

簿記ブログ「パブロフくんが日商簿記2級，3級を目指すブログ」は1日1万プレビューを超すなど，受験生から絶大な支持を得る。公認会計士受験，簿記講師，監査法人や税理士事務所での勤務，経理実務の経験から，電卓の使い方は「スピードよりも実用的で正確なこと」がモットーである。

主な著書に『パブロフ流でみんな合格　日商簿記3級テキスト＆問題集』（翔泳社），『会計資格　最短・最速攻略法』，『パブロフくんと学ぶITパスポート』，『パブロフくんと学ぶはじめてのプログラミング』（中央経済社）など多数。

パブロフくんと学ぶ

電卓使いこなしBOOK

2016年4月5日　第1版第1刷発行
2025年4月30日　第1版第31刷発行

著者　よせだあつこ
発行者　山　本　　継
発行所　㈱中央経済社
発売元　㈱中央経済グループパブリッシング

〒101-0051　東京都千代田区神田神保町1-35
電話　03 (3293) 3371 (編集代表)
　　　03 (3293) 3381 (営業代表)
https://www.chuokeizai.co.jp
印刷・製本／文唱堂印刷㈱

© 2016
Printed in Japan

＊頁の「欠落」や「順序違い」などがありましたらお取り替えいたしますので発売元までご送付ください。（送料小社負担）
ISBN978-4-502-18311-9　C2034

JCOPY〈出版者著作権管理機構委託出版物〉本書を無断で複写複製（コピー）することは，著作権法上の例外を除き，禁じられています。本書をコピーされる場合は事前に出版者著作権管理機構（JCOPY）の許諾を受けてください。
　JCOPY〈https://www.jcopy.or.jp　eメール：info@jcopy.or.jp〉